甘肃省金昌市现代生态农业基地

贵州省贵阳市现代生态农业基地

安徽省桐城市现代生态农业基地

山东省齐河县现代生态农业基地

重庆市巴南区现代生态农业基地

陕西省延川县现代生态农业基地

浙江省宁波市现代生态农业基地

山西省吉县现代生态农业基地

辽宁省辽中县现代生态农业基地

湖北省鄂州市现代生态农业基地

内蒙古自治区乌兰察布市现代生态农业基地

江苏省宜兴市现代生态农业基地

广东省珠海市现代生态农业基地

河南省安阳市现代生态农业基地

现代生态农业基地清洁生产技术指南

石祖梁　李想　王飞　主编

中国农业出版社

编　委　会

前言
FOREWORD

我国人多地少水缺，用仅占世界平均水平 1/3 的人均耕地面积和 1/4 的淡水资源生产了全球 1/4 的粮食，养活了世界 1/5 的人口，农业发展取得了举世瞩目的成就。但这也导致了两方面的问题：一方面，农业资源长期透支、过度开发，复种指数高、四海无闲田，资源利用的弦绷得越来越紧；另一方面，农业面源污染加重，农业生态系统退化，生态环境的承载能力越来越接近极限，不断亮起"红灯"。资源条件和生态环境"两个紧箍咒"对农业的约束日益趋紧，农业可持续发展面临严峻挑战。

2004 年以来，中央 1 号文件连续多年聚焦"三农"工作，推进农业清洁生产，加强生态环境保护，大力推进资源利用高效、生态系统稳定、产地环境良好、产品质量安全的农业发展新格局。党的十八大将生态文明建设纳入了"五位一体"的总体布局，党的十九大进一步提出要推进绿色发展，着力解决突出环境问题，加大生态系统保护力度。习近平总书记也多次强调，绿水青山就是金山银山。农业本身就是生态文明建设的重要组成部分和绿色发展的重要贡献者，推进农业生态文明，需要我们顺势而为，加快生态循环农业建设，使绷得过紧的资源压力得到缓解，使被污染的农业生态环境得到有效改善，从而不断促进农业的可持续发展。

2014年以来，我们在山西、内蒙古、辽宁、江苏、安徽、浙江（宁波）、山东、河南、广东、湖北、重庆、贵州、甘肃等省（自治区、直辖市）先后启动建设了14个现代生态农业示范基地，依托农业合作社、家庭农场、农业企业、村集体等不同经营主体，从区域突出环境问题入手，因地制宜地开展生态农业技术集成与试验示范。在相关省、市、县农业环保站和有关专家的大力支持下，基地建设取得了明显成效。在总结前人大量研究成果和基地实践的基础上，通过继承发展和集成创新，初步形成了38项适合不同区域应用的农业清洁生产技术，内容涵盖大田种植、果园建设、茶园建设、生态养殖、设施农业等多个方面。为了推广普及这38项农业清洁生产技术，我们编写了《现代生态农业基地清洁生产技术指南》一书，以期为从事生态循环农业的管理人员和技术人员提供帮助，并为高等院校、科研院所从事相关行业的研究人员提供参考。

本书在广泛征求有关专家、基地工作人员相关意见的基础上，经过多次讨论和修改后定稿。由于专业知识水平与编写时间有限，书中难免存在疏漏与不当之处，有待我们今后进一步研究补充完善，也敬请广大读者和同行批评指正并提出宝贵建议，以便我们及时修订。

编写组

2018年3月29日

目录
CONTENTS

前言

目　录

第一章

黄土高原区果园清洁生产技术

五配套能源生态技术

1 适用范围

本技术是西北农林科技大学、山西省农业生态环境建设总站通过总结区域实践情况提炼而成。本技术规定了户用农村能源生态工程西北模式的设计、施工与使用管理技术要点，适用于新建和改建的户用农村能源生态工程西北模式。

2 引用文件

下列已颁布实施的标准对于本技术的引用是重要参考资料。主要包括：

GB 50141—2008　给水排水构筑物施工及验收规范

GB 175—2007　通用硅酸盐水泥

GB/T 1499.1—2017　钢筋混凝土用钢　第1部分：光圆钢筋

GB/T 4750—2002　户用沼气池标准图集

GB/T 4751—2002　户用沼气池质量检查验收规范

GB/T 4752—2002　户用沼气池施工操作规程

GB 5101—2003　烧结普通砖

GB 7637—1987　农村家用沼气管路施工安装操作规程

GB/T 17187—2009　农业灌溉设备　滴头和滴灌管技术规范和试验方法

GB/T 18690.3—2002 农业灌溉设备 过滤器自动清洗网式过滤器

GB/T 18691.1—2011 农业灌溉设备 灌溉阀 第1部分：通用要求

GB 50275—2010 压缩机、风机、泵安装工程施工及验收规范

CJJ/T 29—2010 建筑排水硬聚氯乙烯管道工程技术规程

JB/T 6534—2006 离心式污水泵 型式与基本参数

JGJ 52—2006 普通混凝土用砂、石质量及检验方法标准

NY/T 466—2001 户用农村能源生态工程北方模式设计施工和使用规范

NY/T 1639—2008 农村沼气"一池三改"技术规范

3 术语和定义

3.1 户用农村能源生态工程西北模式

在西北地区农户庭院或田园修建的由户用沼气池、太阳能畜禽舍、户用厕所、集雨水窖及果园滴灌设施组成的户用农村能源生态工程，形成物质和能量良性循环的生态农业模式系统。

3.2 旋流布料沼气池（简称RRC）

在进料区到排渣区设置圆弧形导流板，原料从进料区沿导流板切线方向进入，在导流板的作用下推流到排渣区，通过出料装置进行出料和循环搅拌的沼气发酵装置。

4 模式设计

4.1 总体布局与设计

4.1.1 户用农村能源生态工程西北模式（简称西北模式）应根据当地的自然、经济和社会条件，按照能源生态型粪污无害化处理与资源化利用工艺进行规划设计。

4.1.2 与果园相结合的西北模式，宜在农户庭院或果园规划设计一口 8～12 m³ 的沼气池、一座 10～20 m² 的太阳能畜禽舍和

一座 1.5～2 m² 的户用厕所，在果园规划设计一眼 15～35 m³ 的水窖和一套果园滴灌系统（图 1）。

4.1.3　与大棚蔬菜相结合的西北模式，总体规划设计应符合 NY/T 466—2001 的相关规定。

4.1.4　西北模式中的沼气池和圈厕设施应布局在庭院或果园、菜地背风向阳处，总体布局应符合 NY/T 1639—2008 和 NY/T 466—2001 的相关规定。

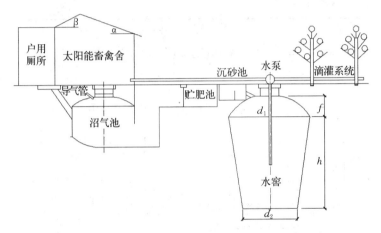

图 1　户用农村能源生态工程西北模式系统示意图

图注：d_1——窖体上口直径；d_2——窖体下口直径；

h——窖体深度；f——窖顶矢高

4.2　沼气池布局与设计

4.2.1　沼气池应和畜禽舍及户用厕所一体化设计，三联通布局（图 2），其规划和布局应符合 NY/T 1639—2008 的相关规定。

4.2.2　沼气池应建在太阳能畜禽舍地下，厕所宜建在畜禽舍旁，并靠近沼气池进料口的位置，畜禽舍和厕所的人畜粪便及冲洗水应通过进料口—进料管自动直接流入沼气池（图 3）。

4.2.3　在畜禽舍旁靠近厕所便槽的位置应建贮肥间，通过溢流出料管与发酵间连通，通过冲厕管和脚踏冲厕器与厕所便槽连通（图3）。

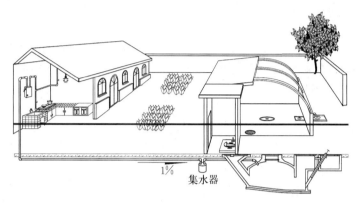

图2 户用沼气池和圈厕设施布局示意图

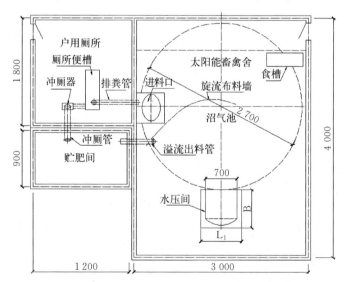

图3 户用沼气池和圈厕设施平面布局图（单位：mm）

4.2.4 沼气池容积依据发酵原料数量和不同温度下的水力滞留期等因素决定，按照公式（1）计算：

$$V = \frac{\sum_{i=1}^{n} G_i TS_i}{S_0 DB} HRT \qquad (1)$$

式中：

V——沼气池总容积，单位：m^3；

HRT——设计水力滞留期，单位：d（见附录A）；

G_i——第i种沼气发酵原料数量，单位：kg

TS_i——第i种沼气发酵原料的总固体含量，单位：%（见附录B）；

S_0——发酵原料总固体百分比浓度，单位：%；

D——发酵原料比重，单位：kg/m^3；

B——沼气池装料有效容积比例，单位：%。

4.2.5 西北模式优先选择旋流布料沼气池（见附录C）和GB/T 4750—2002规定的沼气池池型，主要技术指标和设计参数应符合GB/T 4750—2002的规定。

4.3 畜禽舍布局与设计

4.3.1 畜禽舍应根据当地的气候条件和农户的经济条件，因地制宜，合理设计，与沼气池和厕所等设施同步规划，配套建设。

4.3.2 畜禽舍应布局在沼气池之上，座北向南，其长宽尺寸应大于沼气池的建设尺寸，排粪口与沼气池进料口直接相连。

4.3.3 畜禽舍面积依据畜禽种类和饲养数量，参照表1确定。

表1 畜禽舍面积与畜禽养殖量关系

畜禽舍面积（m²）	育肥猪（头）	牛（头）	鸡（只）	羊（只）
10	3～4	1～2	100～110	10～11
12	5～7	3～4	111～120	12～13
15	8～10	5～6	121～130	13～15
20	11～15	5～6	131～150	16～20

4.3.4 畜禽舍宜采用单斜面薄膜太阳能暖圈，高度2～2.6 m，

高跨比（2.4~3.0）:10。

4.3.5 畜禽舍的其他技术指标和设计参数应符合 NY/T 1639—2008 和 NY/T 466—2001 的规定。

4.4 厕所布局与设计

4.4.1 厕所应根据当地农户的生活习惯和经济条件，因地制宜，与沼气池和畜禽舍等设施统一规划，同步建设。

4.4.2 厕所布局在畜禽舍一侧，便槽应和厕所走向一致，前后左右间距应便于人下蹲如厕，排粪管与沼气池进料口直接相连。厕所布局在农户庭院其他地方，应通过排粪管以 3% 的坡度与沼气发酵间连接。

4.4.3 厕所地面垂直高度应高于沼气池地面 200 mm，在合适位置安装脚踏式沼液冲厕器，利用沼液冲洗蹲便器，使粪便经排粪管直接进入沼气池。

4.4.4 厕所面积应≥1.5 m²。安装有太阳能热水器或沼气热水器洗浴设施时，厕所面积应根据具体情况加大，并用隔墙将如厕区和洗浴区隔开，洗浴水应专管排放，不得进入沼气池。沼气热水器不得安装在厕所和浴室内使用。

4.4.5 有上水条件的用户，应在厕所蹲坑上方设计高位水箱，高位水箱的水由水窖供应。

4.4.6 厕所应单独开门，与畜禽舍分开，采用电灯照明，并在适宜位置安装通风窗，窗户大小、高低应满足通风、排臭、采光、保温、隐蔽等功能。

4.4.7 厕所的其他技术指标和设计参数应符合 NY/T 1639—2008 的规定。

4.5 集雨水窖设计

4.5.1 集雨水窖宜采用拱形窖顶、圆台形窖体的结构（图1）。

4.5.2 集雨水窖容积和几何尺寸按照公式（2）计算：

$$V = V_1 + V_2 = \pi f (3d_1^2/4 + f^2)/6 + \pi h (d_1^2 + d_2^2 + d_1 d_2)/12 \qquad (2)$$

式中：

V_1——水窖窖顶容积，单位：m³;

V_2——水窖窖体容积，单位：m^3；

d_1——窖体上口直径，单位：m；

d_2——窖体下口直径，单位：m，$d_2 = d_1 - 0.5$ 为宜；

h——窖体深度，单位：m，$h = 1.5 d_1$；

f——窖顶矢高，单位：m，$f = 0.25 d_1$。

4.5.3 集雨水窖容积 V 由一定集雨面积的集水量 W 确定，按公式（3）计算：

$$V = W = H_{24P} \cdot F \cdot N / 1\,000 \tag{3}$$

式中：

H_{24P}——频率为 P 的最大 24 h 降水量，单位：mm。水窖设计
  一般取 $P = 10\%$；

F——水平投影集雨面积，单位：m^2；

N——集雨场地面径流系数。土质路面、场院取 0.45；沥
  青路面、水泥场院取 $0.85\sim0.9$。

4.5.4 在集雨水窖进水口 $2\sim3$ m 处应设置沉沙池。

4.6 果园滴灌设备选配

4.6.1 水泵宜选用自吸式潜水泵，水泵功率按照电动机功率的 $70\%\sim90\%$ 选取，扬程按滴头工作压力的 $1.2\sim1.4$ 倍选取。水泵规格和质量应符合 JB/T 6534—2006 的要求

4.6.2 输水管宜选用低密度聚乙烯管，管内径及长度按照管路压力损失确定。其规格和质量应符合 CJJ/T 29—2010 的相关要求。

4.6.3 灌溉阀规格和质量应符合 GB/T 18691.1—2011 的相关要求。

4.6.4 过滤器宜选用自动清洗网式过滤器，其规格和质量应符合 GB/T 18690.3—2002 的相关要求。

4.6.5 滴头宜选用低压大流量滴头和调压式滴头，优选补偿式滴头和内镶式滴头，其规格和质量应符合 GB/T 17187—2009 的相关要求。

5 模式施工

5.1 基本要求

5.1.1 建设西北模式的施工单位应具有农村户用沼气工程和农用建筑五年以上施工经历，并在当地农村能源主管部门备案。

5.1.2 西北模式工程设施建设应按照农村能源主管部门发布的通用图集或专业设计机构设计的图集进行施工。

5.1.3 西北模式应在当地农村能源主管部门的指导下，由持国家"沼气生产工"五级以上职业资格证书的技工施工，施工主管应持国家"沼气生产工"四级以上职业资格证书，

5.1.4 西北模式工程设施竣工后，应按照 GB/T 4751—2002 和 GB 50141—2008 相关要求，做好质量检测和验收工作。

5.2 施工准备

5.2.1 施工单位和人员应认真按图施工，掌握每道施工工序的施工方法和技术要求。

5.2.2 用于西北模式工程设施施工的建筑材料应符合以下国家相关标准要求：

(1) 砖强度等级应≥MU10，其外观应符合 GB 5101—2003 中规定的一等砖的要求。

(2) 水泥强度等级应≥42.5 MPa，其技术指标应符合 GB175—2007 的规定。严禁使用出厂超过 3 个月和受潮结块的水泥。

(3) 砌筑砂浆应采用水泥砂浆，其强度等级应≥M7.5。

(4) 混凝土细骨料宜采用中砂，其技术指标应符合 JGJ 52—2006 的规定。

(5) 混凝土粗骨料宜采用粒径 10～20 mm 的碎石或卵石，其技术指标应符合 JGJ 52—2006 的规定。

(6) 钢筋应有出厂合格证或质量报告单，其技术指标应符合 GB 1499.1—2007 的规定。

5.3 沼气池施工要点

5.3.1 沼气池的发酵间、贮气间、水压间、贮肥间和进料间结构层宜采用模板或砖模混凝土现浇修建，其施工方法应符合 GB/T 4752—2002 中 7.1.1 和 7.2.1 的规定。

5.3.2 在沼气池顶与池墙、池底与池墙交接处应修建高≥ 100 mm、宽≥50 mm 的混凝土圈梁。

5.3.3 进料管宜采用内径≥200 mm 的水泥管或陶瓷管，以 30°角斜插并用混凝土现浇于池墙中部，管口下沿距池底 500 mm。

5.3.4 抽渣出料管宜采用内径≥100 mm、耐压≥2.0 MPa 以上的 PVC 管，以 30°角斜插并用混凝土现浇于池墙中部，出料口宜设置在太阳能畜禽舍外（图 2）。

5.3.5 沼气池的水压间、出料间、贮肥间应加盖厚度≥ 60 mm、C20 钢筋混凝土盖板，盖板上应设置扣手和观察口，观察口上设置带有把手的小盖板。

5.3.6 沼气输配系统应按 GB/T 7637—1987 的规定施工。

5.3.7 沼气池竣工后应按照 GB/T 4751—2002 的规定进行水密性和气密性检验。

5.4 畜禽舍施工要点

5.4.1 畜禽舍墙体采用 240 mm 实心砖墙或夹心保温墙，东西墙上部形状和骨架形状一致。内墙面采用水泥砂浆二层粉刷，外墙面做成清水墙，并用水泥砂浆粉刷 100 mm 宽的墙裙和边框。

5.4.2 畜禽舍地面标高应高出舍外地面 100 mm，采用 C15 混凝土现浇，以 2% 的坡降向沼气池进料口倾斜。

5.4.3 畜禽舍顶后坡采用"檩条＋草席＋草泥＋机瓦"复合保温顶或彩钢保温板修建，前坡采用"膜支架＋双层塑料膜"透光顶或阳光板修建，膜支架间隔 800～1 000 mm，应能承受当地最大雪雨荷载。

5.4.4 西北模式的牛舍、羊舍和鸡舍参照 NY/T 466—2001 建设。

5.5 厕所施工要点

5.5.1 厕所墙体采用 240 mm 实心砖墙修建，内墙面采用水泥砂浆、石灰砂浆和内墙涂料三层粉刷，条件许可时，用卫生瓷片进行装修。外墙面做成清水墙，并用水泥砂浆粉刷 100 mm 宽的墙裙和边框。条件许可时，用卫生瓷片进行装修。

5.5.2 厕所地面以 1% 的坡降向便槽倾斜，采用 C15 混凝土现浇和水泥砂浆抹面。条件许可时，采用瓷砖装修。

5.5.3 厕所顶面采用 C20 混凝土现浇，内顶面采用水泥砂浆、石灰砂浆和内墙涂料三层粉刷，外顶面进行防渗处理，确保不漏雨。

5.5.4 厕所应安装脚踩式冲厕器，便于冲洗便槽，促进回流搅拌和菌料均匀混合。

5.6 集雨水窖施工要点

5.6.1 选好窖址后，按设计的几何尺寸开挖水窖土方（见图 1 和表 2）。

表 2　混凝土水窖主要尺寸、工程量及材料用量表

容积 (m³)	主要尺寸（m）			工程量（m³）			材料量				
	d_1	d_2	h	挖土	填土	混凝土	砂浆	水泥 (kg)	砂子 (m³)	石子 (m³)	石灰 (kg)
15	2.6	1.8	3.9	20.5	3.60	1.12	0.82	630	1.60	0.98	198
20	2.8	2.0	4.4	26.8	4.60	1.29	1.01	750	1.90	1.15	205
35	3.4	2.6	4.2	38.0	5.20	1.70	1.22	1 100	2.30	1.51	215

注：表中字母意义见图 1。

5.6.2 窖体结构宜采用模板或砖模混凝土现浇修建，其施工方法应符合 GB/T 4752—2002 中 7.1.1 和 7.2.1 的规定。

5.6.3 在窖体与窖底及窖顶结合处，应修建高≥100 mm、宽≥50 mm 的混凝土圈梁；在窖体上应间隔均匀，修建三道高≥100 mm、宽≥50 mm 的混凝土圈梁。

5.6.4　水窖顶应加盖厚度≥60 mm、C20 钢筋混凝土盖板，盖板上应设置扣手和观察口，观察口上设置带有把手的小盖板。

5.6.5　水窖竣工后应按照 GB/T 4751—2002 规定进行水密性和气密性检验。

5.7　果园滴灌设施施工要点

5.7.1　施工前，应编制好施工和工程进度计划，制定质量检查方法和安全措施。

5.7.2　管槽开挖应符合下列要求：

（1）按施工放样轴线与槽底设计高程开挖，干、支管槽宽≥400 mm。

（2）清除管槽底部石块杂物，并一次整平。

（3）开挖土料应堆置管槽一侧。

（4）固定墩坑、阀门井开挖宜于管槽开挖同时进行。

5.7.3　管槽回填应符合下列要求：

（1）管及管件安装过程中应在管段无接缝处先覆土固定，待安装完毕，经冲洗试压，全面检查质量合格后方可回填覆土。

（2）回填前应清除槽内一切杂物，排净积水，在管壁四周 100 mm 内的覆土不应有直径≥25 mm 的砾石和直径≥50 mm 的土块，回填应高于原地面以上 100 mm，并分层踩实。

（3）回填必须在管道两侧同时进行，严禁单侧回填。

5.7.4　水泵安装应符合 GB 50275—2010 中的相关规定。

5.7.5　聚乙烯管承插深度应为管外径的 1.1 倍，直径≤25 mm管道的承插深度为管外径的 1.5 倍。

5.7.6　滴灌管、灌溉阀、过滤器与滴头安装应符合 GB/T 17187—2009、GB/T 18690.3—2002 和 GB/T 18691.1—2011 的相关技术规定。

6　模式管理

6.1　沼气池管理

6.1.1　沼气池启动前，应将发酵间、水压间、出料间、进料间和贮肥间底部的建筑垃圾清除干净。

6.1.2 沼气池启动宜按照接种物：原料：水＝1：2：5 的比例进行配料，宜采用正常产气沼气池的沼渣沼液进行接种，接种量应不低于沼气池有效容积的 10%。

6.1.3 沼气池启动料液的 pH 应调节到 6.8～7.4 后，再密封天窗口。

6.1.4 沼气池启动和运行中，严禁含杀菌剂、杀虫剂等有毒物质的原料进入池内。

6.1.5 沼气池启动和运行中，严禁在沼气池导气管口试火。

6.1.6 沼气池天窗口、水压间、出料间、进料间和贮肥间应加盖安全盖板。

6.1.7 沼气池检修应由专业人员进行。进入沼气池检修前，应在池外用机械设备将沼气池内的物料清除干净，把所有盖板敞开 1～2 d，并向池内鼓风排出残存沼气；入池前应进行活禽检验，确保无有害气体后，检修人员方可进入。检修时，池外应有人进行安全防护。

6.1.8 沼气池运行中，应经常检查沼气输配系统是否漏气，闻到臭鸡蛋味时，应立即打开门窗通风，并切断气源，严禁吸烟和使用明火，待室内无味时，再检修漏气部位。

6.1.9 沼气池使用中，脱硫剂更换时间为沼气池正常使用后 3～4 个月，再生 2 次必须更换，并定期排除气水分离器中的冷凝水。

6.1.10 在沼气池及圈厕设施醒目位置应设立禁火标志，在厨房内墙明显位置应张贴沼气安全管理和规范使用宣传标牌。

6.2 畜禽舍管理

6.2.1 畜禽舍内应常年饲养畜禽，以保证有充足的畜禽粪便做沼气发酵原料。

6.2.2 当畜禽舍内湿度偏高时，应通过排气门通风换气。通风宜在中午前、后进行。通风时间 10～20 min。

6.2.3 当月平均气温低于 5 ℃时，畜禽舍顶塑料膜应全天封闭；月平均气温为 5～15 ℃时，中午前后加强通风；平均气温达到 15 ℃以上时，应揭膜通风。

6.2.4　应及时将畜禽舍内的粪便和残食剩水清扫入沼气池，保持畜禽舍温暖、干净、干燥。

6.2.5　牛舍、羊舍、鸡舍参照 NY/T 466—2001 进行管理。

6.3　户用厕所管理

6.3.1　户用厕所应经常打扫，保持清洁卫生。

6.3.2　卫生巾和手纸等杂物应放入垃圾篓，不能扔进便槽，以免堵塞排粪管。

6.3.3　每次如厕后，应通过沼液冲厕装置冲厕 1～2 min，保持便槽清洁，促进菌料混合。

6.3.4　便槽污垢宜用 5% 的稀盐酸清洗，忌用洁厕净等具有杀菌功能的用品清洗。

6.3.5　经常检查脚踩式冲厕器各部件是否安装牢固，确保不出现松动而影响正常使用。

6.4　集雨水窖管理

6.4.1　下雨前要及时清除拦污栅、集水渠、沉沙池的杂物，确保引水入窖畅通。当水蓄至水窖口处，要及时关闭进水口。

6.4.2　定期对水窖进行检查维修，保持水窖完好无损。蓄水期间要定期观测窖内水位变化情况，发现水位非正常下降时，应分析原因，采取维修加固措施。

6.4.3　水窖修成后，窖内应留存一定量的水，保持窖内湿润，防止干裂而造成水窖渗漏。

6.4.4　每年蓄水前应检查窖内淤积情况，当淤深≥1.0 m 时，要及时清淤。

6.5　果园滴灌设备管理

6.5.1　在果园滴灌设备使用中，应按照 GB 50275—2002 的要求做好潜水泵的维护和管理。按照 GB/T 17187—2009、GB/T 18690.3—2002 和 GB/T 18691.1—2011 的要求做好滴灌管、灌溉阀、过滤器与滴头的维护和管理。

6.5.2 灌水结束后，应打开各级干管控制阀和排水阀，冲净泥沙，排净管道中的积水。

6.5.3 裸露的管道部分应进行防晒、防腐处理，同时应防止牛、羊践踏或人为破坏。

6.5.4 控制阀和排水阀应进行防锈、防腐保养，防止进水或机械作业时被破坏。

6.5.5 地面出水装置应全部卸下统一保管，开口处要用塑料布包好，防止土块或其他杂物进入。

6.5.6 地面管回收前，应先编号，再打开灌水小球阀和支管堵头把水放完。回收过程中严禁用力拖拉，以免造成支、辅管和管件破坏。PE 管盘卷时直径要大于 2 m，杜绝打折回收。

生态果园管理技术

为实施农业部山西生态农业基地清洁生产示范项目，在吸收国内外先进技术的基础上，制定出黄土高原生态苹果园管理技术规程，以推广生态苹果栽培技术，适应国内外绿色、无公害果品市场的需求，迅速提升山西省苹果品质质量。本技术要点以晚熟红富士品种物候期为准，其他苹果品种可参照使用。

1 生产目标

1.1 不同树龄时期生产指标

（1）栽后第一年，成活率 90％以上，每株发出 3～5 个侧枝，枝长 20～60 cm，树高 150～200 cm，10 月底之前落叶率不足 10％，且叶面有病虫斑的叶数不足 10％。

（2）栽后第二年，补齐死亡株，每株发出 8～15 个侧枝，枝长 40～100 cm，树高 200～250 cm，10 月底之前落叶率不足 10％，且叶面有病虫斑的叶数不足 10％。

（3）栽后第三年，全园有 50％以上植株开花，并少量见果，每株发出 15～25 个侧枝，枝长 40～100 cm，树高 250～300 cm，

10 月底之前落叶率不足 10％，且叶面有病虫斑的叶数不足 10％。

（4）栽后第四年，每公顷产量 7 500～11 250 kg，树高 300～350 cm，每公顷枝量 15 万～45 万，10 月底之前落叶率不足 10％，且叶面有病虫斑的叶数不足 10％。

（5）栽植第五年之后，每 667 m² 产量 2 000～3 000 kg，树高 300～350 cm，每 667 m² 枝量 90 万～120 万，10 月底之前落叶率不足 10％，且叶面有病虫斑的叶数也不足 10％。

1.2　大量结果后产量指标

（1）每公顷产量：37 500～45 000kg。

（2）每公顷果量：187 500～225 000 个。

（3）单果量：以市场需求为标准，大型果横径≥75 mm，中型果横径≥70 mm，果重 250～300 g。

1.3　质量指标

（1）优质果率：一级以上果达 80％以上，其中特级果率 40％以上。

（2）内在品质：果品残毒量符合农业行业标准 NY/T 268—1995《绿色食品苹果》的要求，其中汞≤0.005 mg/kg，镉≤0.03 mg/kg，铅≤0.05 mg/kg，砷≤0.1 mg/kg，氟≤0.5 mg/kg，六六六≤0.05 mg/kg，滴滴涕≤0.05 mg/kg，敌敌畏≤0.02 mg/kg，乐果≤0.02 mg/kg，杀螟硫磷≤0.02 mg/kg，倍硫磷≤0.02 mg/kg，含糖量≥14.0％，去皮硬度≥9.8×10⁵ Pa，总酸量≤0.4％。

（3）品种要求：以晚熟富士优系为主，搭配富红早嘎、红盖露、蜜脆、粉红女士、八月富士等一定数量的新品种。

（4）着色度：70％以上。

2　萌芽前（3 月中、下旬）管理

2.1　追肥

秋季未施基肥的果园，应按秋季施肥标准及时施肥。

2.2　灌水、保墒

土壤干旱时，可适量灌水，浇水量宜掌握在水分下渗土中 30～

50 cm 为宜，灌水方法采用隔行灌溉或在树盘外缘开小沟进行沟灌。

2.3 树盘覆盖

一般果园应在春季整地、施肥、浇水的基础上进行树盘覆盖。修树盘 1~1.2 m 宽，并高出地面 10 cm，割行间种的三叶草进行覆盖。矮化砧要露出地面，如果矮化砧已经入土，要刨土断根。

2.4 拉枝开角

拉枝开角宜于萌芽前树液流动时进行。高纺锤形主枝拉成 120°，细纺锤形主枝拉成 90°。

2.5 病虫害防治

细致检查刮除腐烂疤痕，用 400 金力士或枝腐清原液涂抹伤口。发芽前全树喷布 600 倍液农抗 120 或 7 500 倍液金力士或 300 倍液园易清，预防和控制腐烂病发生、蔓延。如果上年红蜘蛛为害严重，越冬基数大，应在萌芽前喷一次 3~5 波美度石硫合剂，再加入柔水通 4 000 倍液。如果介壳虫严重，杀虫剂加融蚧 800~1 000倍液。

3 萌芽、开花期至花后（4月上旬至5月上旬）管理

3.1 花前复剪

（1）剪除冬剪遗漏的病虫枝、干枯枝等。

（2）调节花量。当花量大时，对过密的中、小型枝组应适当疏除。对串花枝要进行回缩，长而粗壮的串花枝在不影响光照的情况下，可适当长留，细弱的串花枝留 2~4 个花芽缩剪；对中长果枝轻打头（即只剪去花芽），花量不足的小年树要尽量留花芽。

（3）通过复剪使花、叶芽达到适宜比例。中庸树花、叶芽比为 1∶3，弱树 1∶4，强树 1∶2。

3.2 疏蕾

最佳时间是显蕾到开花前越早越好，一般按 15~25 cm 留一个花序，多余花序全部疏除，但应保留花序下的莲座叶片。对所留花

序上的花蕾可全部保留或只留 2～3 个花蕾，要根据树势强弱和品质特性灵活掌握。强树距离可稍近，弱树距离宜较远。品种间，红富士等以 20～25 cm 为宜；短枝型品种以 15～20 cm 为宜。

3.3　花期授粉

苹果花期可以采取蜜蜂、壁蜂和人工等方法进行授粉，提高坐果率和果实整体度。人工授粉，应在铃铛花期采取花粉，在花开的当天进行人工点授，或者用机械授粉。应是开一次花授一次粉，连续授粉 2～3 次。

3.4　抹芽除萌与刻芽

及时抹除疏枝剪口等的萌芽，以节约养分。对幼树的主枝和其他空挡部位适当刻芽，促发新枝。对侧枝进行多道环切促进萌芽和剪除顶芽及拉枝。

3.5　病虫害防治

（1）现蕾期树上喷 2 000 倍液螨螨灵加 600～800 倍液农抗 120 或罗克，重点防治红蜘蛛、卷叶虫、星毛虫、金纹细蛾、白粉病、花腐病等，喷药时加入柔水通 4 000 倍液。病害轻的果园也可不加药，直接喷布沼液。

（2）金龟子发生量大时，可人工扑捉。

（3）花后持续干旱，蚜虫为害严重时，喷布吡虫啉 4 000～6 000倍液。沼液喷于叶片背面，可有效防治果树红蜘蛛、蚜虫等。

3.6　草和树盘管理

对行间的三叶草，超过 30 cm 高时要及时割除。对树盘下进行清耕，及时清除杂草。

4　春梢速长期至麦收前（5月中旬至6月下旬）管理

4.1　蔬果定果

从落花后 10 d 左右开始定果，到 5 月底前结束。全树果量多且分布均匀时，宜留单果。蔬果时应选留果形端正的中心果，多留中长果枝和果顶向下生长的果，少留侧向生长的果，一般不留向上生长的果。

4.2 套袋和病虫害防治

套袋时间为定果后 10～15 d（5 月下旬至 6 月上旬）。套袋前应喷 1 次 1 000 倍液纳米欣或 7 000 倍液治粉高、金家托、凯歌，再加入 1 200 倍液易保或 600 倍液普德金或大生富、新万生等。结合喷药加入锐诺黄腐酸、肽神、斯德考普等。纸袋选用符合标准的双层袋最好，外层袋外表为蓝灰色或新闻纸袋，里表为黑色；内层袋为蜡质红色袋，如杨凌果袋。套袋时果实应置果袋中央，袋口必须密封，免伤果柄。

在果树红蜘蛛、二斑叶螨、蚜虫高峰期连续喷施 2～3 次沼液。若气温在 25 ℃左右，可全天喷施；气温过高，则在下午 5 时以后喷施。一般红蜘蛛、二斑叶螨在喷后 2～3 h 失活，5～6 h 死亡率达到 98.1%。

4.3 夏季修剪

（1）摘心、扭梢：5 月中、下旬，对幼树主枝头上的竞争新梢和枝条背上直立旺梢进行摘心或扭梢，控制旺长，促进花芽形成。当直立旺梢过多时，应先间疏，余者再采用重摘心或扭梢控制。

（2）疏枝：①幼树主要疏除背上过多直立新梢，疏后使枝梢间保持 20 cm 左右的距离，并对其采取拿枝变向或扭梢摘心的办法加以控制，促其转化为结果枝；②结果期树主要疏除剪口发出的旺长新梢。树冠内膛的徒长枝和枝条背上直立新梢和过密的 2～3 年生枝条或中小型枝组，疏剪后使同一方向的枝条间距达到 30 cm 左右。疏除树冠外围和顶部的过多枝条，减少顶部和外围枝梢密度，改善光照条件。

4.4 追肥

6 月上、中旬，采用环沟法、条沟法或放射沟施法每株追施沼渣 10～30 kg，再加大三元和福田特种肥各 0.5 kg，以满足花芽分化和果实发育对肥料的需求。

4.5 喷肥

结合喷药进行喷肥、喷布沼液，补充果树和果实所需的养分，防止小叶病和黄叶病等生理病害。

5　果实膨大期（7～8月）管理

5.1　夏季修剪

（1）当年生旺盛新梢拿枝软化。

（2）清除内膛无用徒长枝。

（3）对原摘心枝上发育出的二次枝继续摘心，对扭梢枝上发出的二次枝予以疏除或重摘心。

（4）8月中、下旬，对红富士品种辅养枝在春秋梢交界处戴活帽剪。若辅养枝过长使树冠已交接或近交接时，要在新梢与二年生部位的年交界处戴活帽剪，或去强留弱，回缩延长头。

（5）撑、吊因着果过多而下垂的枝，使其复原。

5.2　追肥、灌水

结果期树应在此期追施硫酸钾或氯化钾。追肥量为：初果期树每公顷150～225 kg，盛果期树450～600 kg。如遇干旱应设法适量灌水，以免影响花芽分化和果实正常膨大。

5.3　病虫防治

7月下旬至8月上旬，杀菌剂选用绿得宝或绿乳铜或波尔多液、代森锰锌。杀虫剂选用蛾螨灵或齐螨素，再加入林生保叶剂和柔水通。

8月下旬主干束瓦楞纸，诱集害虫。

6　果实着色期—成熟采收期（9～10月）管理

6.1　秋剪

（1）继续清除无用徒长枝及秋季萌发出的直立嫩梢。

（2）夏剪不及时而未取得明显效果的密闭大树，参照夏剪方法进行修剪，以有效地改善光照条件，提高果实品质。

（3）旺长幼树于9月下旬至10月上旬对旺长新梢轻摘心，提高枝芽成熟度，以利越冬。

6.2　熟前管理

（1）树盘铺银色反光膜。有条件的果园，在果实成熟前30～

40 d 于树盘下或行株间铺设反光膜。果实采收前，将反光膜收起、洗净、晾干保存。一般每公顷园用膜 6 000～7 500 m²。树盘喷免深耕土壤调理剂一次。

（2）除袋。套袋果实于成熟前 20～30 d 摘除外袋，外袋去后 5～7 d 再摘去内袋。除袋最好选择阴天或晴天的早晨和傍晚。

（3）病害防治。除袋后喷布 1 200 倍液易保、农抗 120 或强力轮纹净加钙肥，防止炭疽病、轮纹病、黑红斑点病等果实病害。

（4）摘叶、转果。中熟品种果实成熟前 10～15 d，晚熟品种 20～30 d，首先把直接盖住果面的几片老叶摘除，然后再疏除部分徒长枝、密集枝和梢头枝的叶片，摘叶总量占全树总量的 15％～20％，使树冠下的透光量达到 30％以上。在摘叶同时，将果实阴面转到阳面，使果实全面着色，提高全红果率。摘叶转果宜在阴天或晴天傍晚进行，应避开晴天正午，以防发生日灼。

6.3 适期采收

红富士等晚熟品种适收期为 10 月下旬，一般可分 2～3 次进行采收，采后 10 d，再采第二次。

6.4 分级包装

严格按照国家规定的标准和根据客商要求进行采收，严格按品种、大小、色泽、形状等一致性原则分级包装，包装时应认真仔细，防止碰伤、压伤。

6.5 施基肥

一般应结合果树长势确定施肥量。在 10 月上旬幼龄果树每株施入沼渣 4～8 kg，挂果树每株施入沼渣 50 kg 或沼液 100 kg 左右，另加 0.5 kg 福田特种肥或大三元肥。

6.6 灌"封冻水"

结合施基肥，全园灌一次透水，灌水后松土破除板结，以利保墒。

6.7 贮藏保鲜

采收后的果实预冷后，及时入库贮藏。

7 落叶休眠期（11月上旬至翌年3月上、中旬）管理

7.1 防腐烂病

（1）冬前仔细检查刮治腐烂病，对病疤涂枝腐清等。用纯沼液涂刷树干和大枝，可防治果树腐烂病。已发生腐烂病的可先刮去腐烂部位的病疤和粗皮，然后用纯沼液涂抹。

（2）落叶后全树喷布农抗120。去除主干束的瓦楞纸，集中烧毁。

7.2 树体保护

树干涂白，防日烧及兽害。涂白剂配方为：水10份、生石灰3份、石硫合剂原液0.5份、食盐0.5份和动植物油少许。

7.3 清园

清扫落叶、烂果，摘除虫苞、僵果，剪除病枝、枯枝等，结合施肥集中深埋。

7.4 冬季修剪

树型选择，每公顷栽1 050～1 500株的矮化园，选择高纺锤形，并根据高纺锤形的要求进行修剪。

7.5 冬季管理

冬季清扫落叶、树枝、地面杂草等，但与最后一次喷药间隔20 d以上为宜。

8 病虫害防治

8.1 苹果害虫生物-物理控制

（1）性诱剂控制害虫：每667 m² 悬挂桃小、苹小、金纹、苹褐卷叶蛾类害虫性诱剂各25枚，每株树挂1枚，间隔挂置，防治食心虫及卷叶蛾类害虫。

（2）复合迷向丝控制害虫：每667 m² 悬挂Confuser－A 200枚，用于防治桃小、苹小、金纹、苹褐卷叶蛾类害虫。

（3）频振式杀蛾灯防治害虫：每4 hm² 悬挂一台杀蛾灯，主要用于防治大型磷翅目迁飞害虫。装灯方法如下：选择果园较为空旷

地方装灯，灯的高度以树的高度而定，原则上灯的接虫口高出树冠顶部 0.5 米。

（4）敌死虫防治蚜虫、介壳虫、叶螨类害虫：用澳大利亚生产的敌死虫乳剂防治上述几种害虫，建立在预测预报基础上，当发现一种害虫有发生、流行趋势时，用 150 倍液敌虫死乳剂防治害虫。

（5）苹果树主干、主枝捆绑瓦楞纸，诱集越冬害虫：于每年 8 月上、中旬于每棵树主干、主枝捆绑瓦楞纸，诱集越冬害虫；于翌年元月调查诱集到害虫的种类、数量，天敌的种类、数量，明确诱集效果。

8.2 苹果害虫生物农药控制

（1）金纹细蛾、潜叶蛾类害虫：可用灭幼脲类或阿维菌即齐螨素等生物农药控制其发生和蔓延。

（2）食心虫类、卷叶蛾类害虫：可用苏云金杆菌即 Bt 制剂等生物农药控制其发生和蔓延。

（3）对螨类、蚜虫类害虫：可用阿维菌即齐螨素 5 000～8 000 倍液或烟碱乳油等生物农药控制其发生和蔓延。

（4）对此区间内的食心虫类、卷叶蛾类、金纹细蛾类、叶螨和蚜虫类害虫还可用无公害农药防治：可选用 20％杀铃脲、50％辛脲乳油、苦参碱、烟碱乳油、浏阳霉素等交替使用，防治害虫。

（5）农药的选择和使用，应该按照预防为主、综合防治的原则，根据防治对象，主要选用生物农药、低残毒农药，并交替使用。

（6）在兑药时加入 4 000 倍液"柔水通"，可使用药量减少 30％，并使药液不从叶面大量流到地面。

（7）喷药要选择无风天气，防止药液飘移。

生态果园沼肥施用技术

在实施农业部山西现代生态农业基地清洁生产示范项目过程中，充分汲取国内外沼肥施用经验，制定出黄土高原生态苹果园沼肥施用技术规范，以推动生态基地苹果产业提档升级。

1　沼液根部追施

沼液可采用根部浇施，在整个苹果生产季节也可根灌沼液。根部浇施沼液时，一定要用清水稀释 2～3 倍后使用。在树冠垂直投影的外线挖 15～20 cm 浅沟浇施。

1.1　幼树追施方法

在果园的浇水入口处修筑大型的沼液沟，将沼液放于其内，用水流使其稀释，然后施入果园，每公顷的施用总量为 300 m³，分 3～4 次进行追施。每户可根据自己的实际情况进行浇灌，也可浇施沼液后再用适量清水浇灌，这样也可达到稀释的目的，避免烧伤根系。幼树每株浇灌沼液 5 kg。

1.2　挂果树追施方法

每次灌施 30～50 kg，每隔 30 d 灌 1 次，具有良好的肥效，同时对果树的根腐病有较好的预防和治疗效果。

2　沼液叶面喷施

2.1　准备

将充分腐熟的中层沼液取出后，用纱布进行过滤，以不堵塞喷雾器内出水滤网为宜。

2.2　用法和用量

喷施叶片时侧重于树叶背面，以叶背面布满水珠但不滴水为宜，每次间隔 10～15 d。喷施量可根据树冠大小、树体的营养状况而定，一般用量为 10～15 kg/株。

2.3　喷施时间

苹果树萌芽、开花、幼果膨大期间均可用沼液进行叶面喷施。叶面喷施沼液一般从落花后 1 周开始，于果实采收前 1 个月结束，喷施时以叶背湿透但肥液不流掉为宜。

叶面喷施需在无风的晴天或阴天进行，并尽可能选在湿度较大、气温低的早晨或傍晚，避免雨天和中午气温较高时喷施。

3 沼液防治病虫害

3.1 沼液选用要求

正常发酵产气 3 个月以上，pH 为 6.8～7.6，用纱布过滤，曝气 2 h 后备用。

3.2 用法、用量和喷施时间

沼液按 1:3 稀释后，对叶面进行喷施。喷施时间以上午 10 时前或下午 3 时后为宜，每次喷施量 525 kg/hm²。每 7～10 d 喷施 1 次，连续喷施 3 次。同时，沼液还可与其他农药混合施用，以提高防病效果。

果树虫害较多时期一般为每年的 5～7 月，选择气温较高的下午，将沼液取出后立即用纱布过滤（停放时间不宜超过 1 h），用喷雾器喷施果树叶面，防治害虫。如果在沼液中添加适量的洗衣粉效果更好。每隔 30 d 灌 1 次，对果树的根腐病有很好的预防和治疗效果。

4 沼渣基施和追施

沼渣既可用做基肥，也可用做追肥，做追肥施用时可适当提前施用时间，使沼渣发挥其肥效。沼渣也可与其他无机肥料搭配施用，如将沼渣和磷矿粉按 20:1 均匀混合，将这种混合物与有机垃圾和泥土一起堆沤。堆沤方法：先放一层厚度为 20～30 cm 的沼渣和磷矿粉的混合物，再放一层有机垃圾 30～40 cm，形成一个肥料堆。把泥土覆在肥料堆表面，并压实。堆沤 1 个月左右就制成沼腐磷肥，这种肥料有显著的增产作用。

施用方法：一般是在春季 2～3 月和收获后或整形修剪完后，在每棵树冠滴水圈挖长 60～80 cm、宽 20～30 cm、深 30～40 cm 的施肥沟直接把沼渣进行集中施用，然后覆盖 10 cm 厚的土层，从而减少氨态氮的挥发。

沼肥的施用量：应根据土壤养分状况和果树对养分的需求量确定，基于磷 100% 由沼肥提供计算具体果树施用量见附录 D。

计算得到每年每公顷需使用 87 m³ 沼肥。少量的氮和部分钾肥需要通过化肥提供，但如通过增加沼肥的施用量，使其达到每年每公顷 100 m³，果园对氮、磷的需求就都能得到满足。

5　沼肥施用注意事项

（1）沼液的要求。正常运转使用 2 个月以上，并且正在产气的沼液池出料的腐熟沼液。发酵充分的沼液无恶臭气味，为深褐色明亮的液体，pH 为 7.5～8.0。

（2）叶面喷施需在无风的晴天或阴天进行，并尽可能选在湿度较大的早晨或傍晚，避免雨天和中午气温较高时喷施。叶面喷沼液从落花后 1 周开始，在果实采收前 1 个月结束。采果后至落叶前可继续叶面喷沼液，每次间隔 10～15 d，随喷药同时进行。

（3）落叶后至开花期，树上不喷沼液，沼液可采用根部浇施。根部浇施沼液时，一定要用清水稀释 2～3 倍后使用。幼树每株浇施沼液 5 kg；挂果树，每次灌施 30～50 kg。每隔 30 d 灌 1 次。

（4）每年在 5～7 月虫害较多时期，选择气温较高的下午，取出沼液后立即用纱布过滤（停放时间不宜超过 1 h），用喷雾器喷施果树叶面，防治虫害。如果在沼液中添加适量的洗衣粉效果更好。

生态果园木醋液施用技术

1　适用范围

在实施农业部山西现代生态农业基地清洁生产示范项目过程中，通过苹果园废弃物资源化利用，生产出木醋液，适用于有机苹果清洁生产中果树叶面喷施、根部追施和病虫害防治。

2　引用文件

下列已颁布实施的标准对于本技术引用是重要参考资料。主要包括：

GB/T 31734—2015　竹醋液

NY/T 525—2002　有机肥料

NY/T 90—1988　农村家用沼气发酵工艺规程

3　术语及定义

3.1　木醋液

果木枝条及木材加工剩余物干馏、炭化产生的烟气经冷凝、冷却，并分离焦油后得到的具有烟熏味，含有酸类、酚类、酮类、醛类及杂环类等多种有机成分的酸性液体。

3.2　沼液

有机生物质经厌氧发酵后制取的液态发酵剩余物。

4　理化性状

4.1　木醋液应经过静置分离和多级过滤，其中应无焦油和杂质，长期储存有少量沉淀。

4.2　木醋液的颜色为棕色或褐色，密度 $\geqslant 1.008$ g/mL，pH $\leqslant 4$，检测方法应符合 GB/T 31734—2015 中 5.2 和 5.3 的规定。

4.3　木醋液有机酸总含量 $\geqslant 4.0\%$，溶解焦油 $\leqslant 1.50\%$，检测方法应符合 GB/T 31734—2015 中 5.5 和 5.6 的规定。

4.4　木醋液中有机酸类、酚类、酮类、醛类及杂环类等有效成分含量应符合苹果树生态农用要求。不同原料和不同干馏温度制备的木醋液成分参见附录 E。

5　叶面喷施

5.1　木醋液叶面喷施应根据苹果树不同时期生理代谢需求特点确定，幼树和花前期用 300～500 倍稀释液喷施 1～2 次；花芽分化期、开花坐果期和果实膨大期用 150～300 倍稀释液喷施 2～3 次；采收半个月，用 300～500 倍稀释液喷果实 1～2 次。

5.2　木醋液叶面喷施量应根据喷施时的气候条件调控，晴天喷施量为 1 500～2 000 kg/hm²，阴天喷施量为 1 000～1 500 kg/hm²。

5.3 木醋液与沼液配合施用，能发挥各自的优势，显著提高施用功效，应优先采用。选用的沼液应符合以下要求：

（1）沼液应是经过厌氧发酵装置正常发酵和产气使用 60 d 以上的消化液。

（2）沼液应含有全氮 0.03%～0.12%、全磷 0.03%～0.10%、全钾 0.05%～0.09%，以及多种微量元素，pH 应为 7.2±0.3。

（3）沼液的重金属含量允许范围指标应符合 NY 525—2002 中 5.8 规定的要求，见附录 B；卫生指标应符合 NY/T 90—1988 中表 2 规定的要求，见附录 C。

5.4 叶面喷施一般宜在晴天的早晨或傍晚进行，喷施前溶液应过滤和混匀，喷施宜从叶背面进行。喷施后 4 h，如遇下雨，应及时补喷。

6 根部追施

6.1 木醋液及其与沼液配合根部追施应在施足基肥的基础上，采用测土配方施肥的方法，首先对果园土壤养分进行检测，然后结合果园的预计产量、树势，确定具体施用量。

6.2 木醋液及其与沼液配合根部追施应根据苹果树不同时期营养需求确定，一般每年进行 1～3 次。幼树和花前期用 50 倍稀释液灌根 1～2 次；开花坐果期、花芽分化期和果实膨大期用 50 倍稀释液灌根 2～3 次。

6.3 木醋液及其与沼液配合根部追施量应根据树龄调控，幼树每株每次 5～10 kg，挂果树每株每次 30～50 kg。

6.4 木醋液及其与沼液配合根部追施宜采用穴施法和环施法。穴施法是在树冠外围挖 5～8 个小穴，穴深 10～20 cm，灌施后盖土严封。环施法是在树冠垂直投影的外线挖 15～20 cm 深浅沟，灌施后盖土严封。

6.5 木醋液及其与沼液配合根部追施不仅能起到良好的追肥效果，同时对果树的根腐病有较好的预防和治疗效果。

7 病虫害防治

7.1 一般规定

7.1.1 在增强树势的前提下，应重视冬季和早春连续、彻底剪病梢，减少越冬病原，用木醋液及其与生物农药配合制剂喷施进行防治。

7.1.2 结合冬季管理，尽量剪除病芽，以减少或避免越冬菌源。对于发病严重、冬芽带菌量高的果树要连续几年进行重剪，以便将带菌量压低。

7.1.3 早春萌芽后至开花前，结合复剪将漏剪已发病的病叶及早去除并带出园外加以烧毁或深埋，防止分生孢子传播。早春及时摘除病芽、病梢，深埋或焚烧。

7.1.4 合理稀植，施足底肥，避免偏施氮肥，注意配以磷、钾肥，使树冠通风透光，增强树势，提高抗病力。

7.2 苹果树白粉病防治除满足一般规定外，应符合以下要求

7.2.1 在苹果树萌芽期和花后，用10～30倍木醋稀释液涂刷树干2～3次。

7.2.2 在苹果树发芽前、花前、花后，用45%硫悬浮剂200～400倍木醋稀释液或浓度依次为3波美、0.2波美、0.3波美度的石硫合剂喷施全树。

7.3 苹果树早期落叶病防治除满足一般规定外，应符合以下要求

7.3.1 秋冬扫除落叶，剪除病枝，集中烧埋后，用100～150倍液木醋稀释液配有机杀虫剂对果园全面喷洒清园，降低病虫基数。

7.3.2 从落花后7～10 d开始，用10%多抗霉素1 000倍木醋稀释液或4%抗农120水剂700倍液交替喷施全树，同时加入杀虫杀螨剂防治叶螨，减少叶面害虫危害。

7.3.3 秋梢生长初期（7～8月），用多抗霉素2 000倍木醋稀释液或倍量式波尔多液交替喷施全树2～3次。

7.3.4　喷施木醋稀释药液时一定要周到细致，使整株叶片的正反两面均匀着药，充分吸收，达到淋洗程度，以提高防治效果。

7.4　苹果炭疽病防治除满足一般规定外，应符合以下要求

7.4.1　果园内不种高秆农作物，果园周边不植刺槐，减少病虫寄主。生长季节及时摘除病果，清除带病组织。

7.4.2　对历年发病重的果园或植株，从 5 月下旬开始至 8 月上、中旬，用 4% 抗农 120 水剂、700 倍木醋稀释液或波尔多液（1：2：200），每隔 15～20 d 喷药 1 次。

7.4.3　发病轻的果园或雨水少的年份，可适当减少喷药次数。

生态果园木焦油施用技术

1　范围

在实施农业部山西现代生态农业基地清洁生产示范项目过程中，研发了利用林业废弃果木为主要生物质原料的干馏装置制取木焦油，用于防治苹果树腐烂病。本技术规定了木焦油的术语和定义、理化性状、主要污染物允许含量、防腐利用技术与方法。

2　引用文件

下列已颁布实施的标准对于本技术的引用是重要参考资料。主要包括：

NY/T 2684—2015　苹果树腐烂病防治技术规程

HG/T 4576—2013　农药乳油中有害溶剂限量

3　术语及定义

3.1　木焦油

林业生产废弃物树枝经生物质干馏后制取的黑褐色油状液体产物。

3.2　干馏温度

生物质干馏装置正常启动制取木焦油的温度。

3.3 主要污染物

木焦油中含有对生产安全、人身健康和生态环境有较大危害的溶剂（成分）。

4 木焦油的理化性状要求

4.1 生物质干馏工艺条件要求

4.1.1 林业废弃果木作为主要生物质干馏原料。

4.1.2 加热干馏时，隔绝空气。

4.1.3 干馏温度为 500～550 ℃。

4.2 木焦油基本物理化性质及主要成分分析

木焦油外观黑褐色，有特殊烟熏味，不能直接溶于水，溶于甲醇、乙醇等有机溶剂。基本理化性质及主要成分见附录 F。

5 主要污染物允许含量

木焦油有害溶剂允许含量范围指标应符合 HG/T 4576—2013 中 4 规定的要求，见附录 G。

6 防治策略

采用科学管理、提高树体抗逆性、降低果园病原菌基数、预防伤口感染的农业防治与病树治疗相结合的综合性防治策略。

7 木焦油防治苹果树腐烂病技术

7.1 要求

7.1.1 药剂配置

木焦油原液：干馏设备制取的木焦油经过除杂、静置处理，使之趋于稳定。

木焦油 2 倍稀释液与醇水混合物按照体积比（乙醇：水＝15：1）稀释木焦油原液 2 倍混合液。

木焦油乳化剂：木焦油原液中加入 JFC 乳化剂，可对水稀释使用。

7.1.2 防控关键时期 苹果树腐烂病防治关键时期安排在每年的 3～4 月、6～7 月和 10～11 月。苹果树腐烂病病症、田间发病规律及防控关键时期参见附录 H。

7.1.3 药剂施用 不同防治关键时期施用药剂不同：3～4 月、6～7 月治疗新病斑和防治病斑再次染病施用木焦油原液，10～11 月治疗新病斑施用木焦油 2 倍稀释液。

伤口不同施用药剂不同：剪切口、锯口、环剥口及刮治病斑创伤口均施用木焦油原液，划痕治疗病斑创伤口施用木焦油 2 倍稀释液。

苹果树枝干涂抹木焦油时，施用量不宜过多，应遵从"量轻次多"的原则，涂抹时要轻蘸薄涂，切记涂多流淌，烧伤树皮。

7.2 农业防治

7.2.1 科学施肥灌水 均衡施肥，秋季增施有机肥，春夏季追施速效化肥。根据降水情况和墒情，适时排灌，春灌秋控。具体施肥灌水管理方式参考 NY/T 2684—2015 中 4.1.1 的规定。

7.2.2 合理负载 根据树龄、树势和土壤墒情等条件，合理修剪和疏花疏果，调整树体负载量，避免大小年。负载量具体调控方式参考 NY/T 2684—2015 中 4.1.2 的规定。

7.2.3 预防伤口感染 果园管理过程中，尽量避免各种伤口，如冻伤、日灼伤、虫伤等。若发现伤口，及时涂抹木焦油原液预防苹果树腐烂病病原菌感染，并促进伤口愈合。

7.2.4 铲除病菌 初春苹果树发芽前，树干喷布木焦油乳化剂 50～70 倍液，不仅可以铲除腐烂病病原菌，而且能够兼治轮纹病。药剂喷布均匀、细致、周到，以保证效果。

7.3 病树治疗

初春萌芽前后（3～4 月）进行全园检查，发现病树及时治疗。夏季前（6～7 月），对初春施药病斑进行第二次施药，防止病斑再次染病。秋末冬初（10～11 月），苹果采收后，及时清园，并第二次全园检查腐烂病，集中治疗。生长季节发现病斑随见随治。

苹果树腐烂病治疗方式主要分为病斑刮除治疗和划痕治疗

两种。

7.3.1 刮除治疗　刮除治疗适用于树势较强、病斑面积较小的树体主干、杈桠部位。用已经消毒的刀沿病斑周围延出 0.5～1 cm 外圈，将病斑及病健交接处刮净，病斑切口要求立茬、菱形，深达木质部，边缘整齐光滑，不留毛茬，然后用 3～4 cm 宽毛刷从上端向下端、从左侧向右侧涂抹木焦油原液，反复 2～3 次，涂抹均匀，范围应超出切口 2～3 cm。具体刮除病斑治疗方法参考附录 I 图 1 所示。

7.3.2 划痕治疗　划痕治疗适用于树势相对较弱、病斑面积较大的树体主干和枝干部位。先用已经消毒的刀沿病斑周围延出 0.5～1 cm 外围画圈，再用刀在圈内纵横交叉划线，要求划线间距不大于 1 cm，深达木质部，然后用 3～4 cm 宽毛刷将木焦油 2 倍稀释液均匀涂抹病部并超出病健交接处 2～3 cm 为宜。具体病斑划痕治疗方法参考附录 I 图 2 所示。

7.3.3 桥接复壮　超过树体主干干围或大枝枝围 1/4 的病斑，在刮治或划痕治疗后，应进行桥接复壮。

选择 1 年生健康的休眠枝作为接穗，两端用已经消毒的刀削成光滑平整的"楔形"。在病疤上下方选好位置，用刀划开树皮约 1 cm，将接穗枝条两端锲入韧皮部和木质部之间。注意接穗枝上下端不能颠倒，并用小钉将两端钉紧，嫁接好的接穗略呈弓形。主干基部离地面较近的病斑，可利用根部蘖枝脚接。将枝条上端削成"楔形"，直接嫁接到病斑上端。最后在接口处涂抹木焦油原液，防止苹果树腐烂病病原菌感染，并且可以保湿，促进伤口愈合。

7.3.4 清除侵染源　剪除的病枯枝和刮除的老翘皮、病残组织，带出园外集中销毁或深埋，防止病菌滋生传播。

第二章

西南山区生态茶（果）园生产技术

生态茶园建设与生产管理技术

1 范围

本技术是在实施农业部现代生态农业基地——重庆基地过程中提炼总结而成，规定了茶园建设、生态栽培、采收处理、环境和生物多样性保护等内容，适用于西南高原山区生态茶园的建设与生产管理。

2 引用文件

本技术一些关键环节参考了下列国家或行业标准。

GB 3095—2012　环境空气质量

GB 5084—2005　农田灌溉水质

GB 15618—2008　土壤环境质量

GB 11767—2003　茶树种苗

GB 3838—2002　地表水环境质量标准

GB/T 8321.1—2000～GB/T 8321.9—2009　农药合理使用准则

NY 5020—2001　无公害食品茶叶产地环境条件

NY/T 2172—2012　标准茶园建设规范

NY/T 496—2010　肥料合理使用准则　通则

3 定义

3.1 现代生态茶园

以茶园生态环境安全和茶叶产品质量安全为中心，按照生理生态学原理和生态经济学规律，应用现代科学技术和管理手段，综合利用光、热、水、土壤等自然生态条件和生物资源，建立以茶园为主的农业生态系统。

3.2 生物物理防控

指利用生物、物理防治手段和生物、矿质农药，防控植物病虫害的综合措施。

4 茶园建设

4.1 园地要求

茶园规模应适度，土壤、空气、灌溉水质量等环境条件，符合 NY 5020—2001 的规定。

茶园立地条件，符合 NY/T 2172—2012 的规定。

4.2 园地规划与开垦

4.2.1 茶园建设

应做好园、林、水、路的合理规划。因地制宜设置场部、种茶区、道路、排蓄灌系统，以及防护林带、绿化区、养殖业和多种经营用地等；制订出技术要求、实施方案与进度计划。

4.2.2 园地开垦

对于平地或 15°以下的缓坡地，应清除地面杂物，然后进行两次耕作，初垦深度要求在 50 cm 以上，翻埋杂草，复垦 30 cm 左右平整地面。坡度 15°~25°的茶园需建立等高梯级园地，全面深耕，地面平整后种茶。

4.3 道路与水利

4.3.1 茶园道路建设

建设茶园主干道、支道、操作道等道路系统，主干道和支道宽不少于 300 cm，操作道宽不少于 150 cm。坡度较大的山地茶园，干道设在坡脚，支道与步道按 S 形绕山开筑。禁止陡坡茶园开设直上直下的道路，以避免水土冲刷与茶园作业不便。

4.3.2 茶园排蓄水系统建设

应根据地形地势在山顶、山凹及道路两侧修建排水沟、蓄水池和积肥坑。排水沟要与蓄水沟相连接，并在连接处挖沉沙凼，茶园低洼出水区域，修筑生态缓冲堰、塘，有条件的区域可设置人工湿地，拦截泥沙和氮、磷。

有条件的茶园建立喷灌或滴灌等现代节水灌溉系统，水质符合GB 5084—2005 的规定。

4.4 茶树的品种与种植

4.4.1 品种选择

因地制宜选用抗逆、优质、高产、适制性好、商品性好和适合市场需求，早、中、晚熟品种配套的国家或省级审（认、鉴）定的无性系良种。

4.4.2 茶树种苗

符合 GB 11767—2003 的规定。

4.4.3 种植规格与密度

采用双行或单行条植，双行种植：大行距 150～180 cm，小行距 30 cm，株距 33 cm，每穴 2 株，每亩栽植 4 500 株左右；单行种植：行距 150～180 cm，株距 30 cm，每穴 2 株。每 667 m² 栽植 3 000 株左右。

5 栽培管理

5.1 土壤管理

5.1.1 铺草覆盖 选择行间尚未密闭的茶园，在旱季和雨季来临前进行。可选用周围未受有害或有毒物质污染的稻草、秸秆、杂草等物资覆盖行间。

5.1.2 套种绿肥 在幼龄茶园中进行，撒播或栽植三叶草、黄豆等作物。间作的绿肥或作物必须按生态农业生产方式栽培。

5.1.3 枝叶还田 将茶园内的有机废弃物如修剪的茶树枝叶、杂草等统一收集，可用粉碎机将其粉碎，混合复合微生物菌剂堆放、腐熟后就近还田。也可统一移出园区，作薪炭材利用。

5.1.4 土壤耕作 每年或隔年进行 1 次。浅耕和中耕可结合各季的除草与追肥进行，深耕可结合清园埋压杂草和施有机肥进行。

5.2 肥培管理

5.2.1 施肥方式　提倡测土配方施肥，施肥量根据茶园生长现状及测土数据合理定量施肥。

5.2.2 施肥种类　茶园施肥分底肥、基肥、追肥，所施肥料符合 NY/T 496—2010 规定。茶园底肥、基肥应以施经过无害化处理的有机肥（如各种饼肥、人畜粪便、厩肥、沤肥等）或缓释性有机复混肥为主，在茶叶各生育期追施速效化肥或专用有机配方肥。有机无机混合，禁用氯化钾或含氯复合（混）肥。

5.2.3 施肥方法　结合浅耕、中耕、深耕，沿树冠滴水处开深 10～20 cm（冬季 20 cm）的沟施入，并及时覆盖。

5.3 树冠管理

5.3.1 整形修剪　运用定型修剪、轻修剪、深修剪、重修剪、台刈等技术措施，保证投产茶园树冠高度 60～80 cm，覆盖度不低于 80%。对以春茶为主的茶园，应保留足够的越冬芽头数量，宜采用蓄梢留养技术，在夏季进行修剪。

5.3.2 防护林、行道树、遮阴树的修剪　对套种的树木要采取适当的修剪整枝技术，使其保持适宜的遮阴面积，为茶树创造良好的通风透光条件。

5.4 病虫害综合防治

5.4.1 防治原则　茶园病虫害，应以预防为主，实行以农业防治为基础，生物、物理防治为中心，化学防治为辅助的综合防治措施。应全面应用杀虫灯、性诱剂、粘虫色板和释放害虫天敌等，结合化学药剂挑治等（低限使用低毒低残留脂溶性农药），将病虫害控制在经济阈值以下。

5.4.2 农业防治

（1）换种改植或发展新茶园时，选用对当地病虫害抗性强的茶树品种。

（2）采用采摘、修剪等相应农艺措施直接减少或杀灭病虫。

5.4.3 生物防治

（1）应加强保护和利用当地茶园中的草蛉、瓢虫和寄生蜂等寄生性、捕食性的天敌，重点释放捕食螨，控制茶橙瘿螨等螨类害虫，以虫治虫。

（2）利用植物源、矿物源及微生物源农药防治病虫害。病毒制剂：在茶园中喷施茶尺蠖、茶毛虫病毒杀虫；真菌制剂：用白僵菌871菌粉毒土防治丽纹象甲；细菌制剂：用苏云金杆菌类（Bt）对茶尺蠖、茶刺蛾、茶毛虫等鳞翅目昆虫的食叶害虫进行防治；植物源农药：用苦参碱、除虫菊素、鱼藤酮、藜芦碱等杀虫、防病、调节生产；矿物源农药：石硫合剂等用于冬季封园。

5.4.4 物理防治

（1）频振式太阳能杀虫灯。根据主要虫害类型，选择目标害虫敏感光源，按每盏 3.33 hm^2 左右的密度，150 cm 为宜的挂灯高度，全园安装频振式太阳能杀虫灯。主要防治茶尺蠖、茶毛虫、卷叶蛾等趋光性茶树害虫。

（2）诱虫色板。根据虫情用黄色或蓝色粘虫板，单独或混合用。按照每 667 m^2 25 张左右的密度，高出树冠 20 cm 左右为宜的高度安放。虫害严重时，可在危害较重区域及时更新和加密安放粘虫板控制。主要防治蚜虫、粉虱、小绿叶蝉等害虫。

（3）诱杀。利用茶尺蠖和茶毛虫性信息素诱杀茶树害虫。

5.4.5 化学防治

（1）禁止使用高毒、高残留农药，禁限用化学除草剂除草。化学农药使用应符合 GB/T 8321.9—2009 的规定。

（2）当病虫发生数量和茶树遭受危害程度达到防治指标时，可以选择性使用高效、低毒、低残留的脂溶性农药进行选择性挑治。但必须严格按照要求浓度、安全间隔期轮流使用。

6 采摘管理

6.1 投产茶园的采摘

应根据茶树生长特性和成品茶对加工原料的要求，遵循采留结合、量质兼顾、因树制宜和安全间隔的原则，按标准适时采摘。

6.2 手工采茶

手工采茶时宜采用提手采，要求保持芽叶完整、新鲜、匀净、不夹带鳞片、茶果与老枝叶。

6.3 茶叶保存

采用清洁、通风性良好的竹篮子或篓筐盛装鲜叶。采下的鲜叶应保管好，及时装运，切忌日晒雨淋，防止鲜叶变质和混入有毒、有害物质。

7 茶园环境保护

7.1 茶园周边 2 000 m 范围内不得有垃圾场。

7.2 严禁在茶园及其周边露地倾倒或焚烧垃圾。

7.3 必须及时清除肥料、农药、食品包装物等生产生活垃圾，保持茶园洁净。

茶园空气质量符合 GB 3095—2012 的规定，土壤环境质量符合 GB 15618—2008 的规定，地表水环境质量符合 GB 3838—2002 的规定。

8 生态保护体系

8.1 水土流失防控

因地制宜，建立茶园排水系统，方便汛期及时排出茶园积水；围绕排水系统，配套建设生态缓冲堰、山坪塘，汇集积蓄径流，拦截泥沙。坡地茶园应建设截洪沟、沉沙函，减少水土流失。林下种植三叶草、紫花苜蓿等低矮牧草，增加土壤覆盖度，减少水土流失。

8.2 建立园周生态缓冲区

综合利用缓冲堰、人工湿地、山坪塘等建立茶园水系生态缓冲区，在人工湿地种植水生植物，在缓冲堰、塘放流鱼苗，不投料养鱼，消纳富集于水中的氮、磷，净化水质，涵养水源。种植天敌栖息植物，如天葵、万寿菊、蓖麻及十字花科和伞形花科植物，诱集天敌栖息、生存和繁殖，建立陆地生态缓冲区，维护生物多样性。

8.3　生物多样性保护

8.3.1　园周设立防护林和植物缓冲带。尽量保护茶区原有的树林、植被，在茶园地形最高处、外围四周和有害性风口设置防护林；在园内的道路、水沟两旁种植行道树。

8.3.2　园中配置遮阴植物。针对茶树喜欢散射光的特点，在茶园中按照每 667 m² 8～12 株的密度，套种桂花、李子、梨等茶棚遮阴植物，荫蔽度控制以 30%～35%为宜，增加散射光。

8.3.3　林下生草栽培。茶园梯壁除草方式采用割草，保留茶园梯壁上原有的绿草；在裸露的茶园梯壁上种植匍匐性作物，在园内空地或幼龄茶园中间种三叶草等多年生矮秆豆科牧草作物，抑制杂草，增加土壤有机质。

9　管理体系

9.1　档案记录

建立并保存记录 2 年以上，实行专人负责，记录应清晰、完整、详细，主要包括以下内容：

——投入品档案，包括购买、存放、使用及包装容器回收处理的记录和投入品成分、来源、使用方法、使用量、使用日期等；

——农事操作管理档案，包括植保措施、土壤管理、采摘记录等；

——认证证书和相关材料。

9.2　追溯体系

生产上有连续的、可跟踪的生产批号系统，根据批号系统可查询到完整的档案记录。

生态梨园生产技术

1　适用范围

本技术是在农业部现代生态农业基地——重庆巴南区二圣镇集体村实施基础上提炼而成，规定了梨园的建设、生态栽培、采收处理、质量控制、环境和生物多样性保护等，适用于西南高原山区生态梨园的建设与生产管理。

2 引用文件

本技术引用了下列国家标准、行业标准或地方标准，主要包括：

GB 18407.2—2001 农产品安全质量 无公害水果产地环境要求

GB 2762—2007 食品中污染物限量

GB 2763—2016 食品中农药最大残留限量

GB/T 8321.1—2000～GB/T 8321.9—2009 农药合理使用准则

GB 3838—2002 地表水环境质量标准

GB/T 10 650—2008 鲜梨

NY/T 496—2010 肥料合理使用准则 通则

NY/T 5101—2002 无公害食品 梨产地环境条件

NY/T 2628—2014 标准果园建设规范 梨

NY/T 442—2013 梨生产技术规程

DB 50/T 485—2012 农用沼液管道还田技术规程

3 术语和定义

3.1 现代生态梨园

以梨园生态环境安全和梨果产品质量安全为中心，围绕生理生态学理论与生态经济学规律，应用现代科学技术，高效利用光、温、水、气、土壤等生态条件及生物资源建立的整体协调、循环再生的梨园生态系统。

3.2 蜜源植物

具有蜜腺且能分泌甜液或能产生花粉，并能吸引蜜蜂等采集利用的显花植物。

3.3 生草栽培

在果园行间或树下种植一年生或多年生草本植物的一种果园土

壤管理方式。

3.4 梨营养诊断配方施肥

采用土壤和叶片营养检测手段，对梨树所需氮、磷、钾、钙、镁、硫、铁、锰、锌、铜、硼、钼等必需矿质营养元素进行定量检测，评价树体营养水平，指导控制过量营养元素施用，补充缺乏营养元素，平衡植物营养的精准施肥管理方法。

3.5 生物物理防控

指利用生物、物理防治手段和生物、矿质农药，防控植物病虫害的综合措施。

4 标准梨园建设

4.1 园地要求

标准梨园规模应适度，土壤、空气、灌溉水质量等环境条件，符合 NY/T 5101—2002 的规定。

园地选择，符合 NY/T 442—2013 的规定。

园地规划设计、基础设施建设，符合 NY/T 2628—2014 的规定。

配套沼液灌溉设施，符合 DB 50/T 485—2012 的规定。

4.2 品种和砧木选择

品种选择应以区域适应性和良种化为基础，结合当地气候、土壤特点和品种特性，选用在当地自然条件下能表现出抗逆性强、优质稳产、果实商品性好的品种。

砧木应根据产区的土壤、气候和砧穗组合确定，常用的有杜梨、秋子梨、砂梨等。

4.3 授粉树配置

根据梨树异花授粉的特点，选择与主栽品种花期相同，花粉量大，花粉亲合力强和果实商品价值较高的品种作授粉树，主栽与授粉品种的比例为 4～8：1。

4.4 苗木定植

使用无病毒苗木，质量符合 NY 475—2002 一级标准。一般在秋梢老熟后的秋季或春梢萌芽前的春季栽植，南方地区宜在梨叶落完后的冬季栽植。

4.5 栽植方式

平坝和缓坡地果园采用宽行窄株长方形栽植方式，表层土起垄栽培；坡地果园采用等高栽植为主，实行定植穴改土，南方多雨地区定植穴改土、聚表层土起垄栽培。完备排水系统，降低土壤含水。

4.6 栽植密度

根据砧木、园地的气候、土壤和地势等立地条件以及整形方式和栽培管理水平等确定种植密度。提倡宽行密株的栽植管理方式，以适应果园通风透光和机械操作的需要，常规种植为（3~4）m×（5~6）m。

5 栽培管理

5.1 施肥管理

果园施肥分为基肥、追肥和叶面施肥。基肥一般在果实采收后施入，以有机肥为主；追肥在梨树萌芽开花前半月、落花后半月和幼果迅速膨大期进行，以速效肥料为主。

施肥主要采用沟施、穴施、撒施和叶面喷施，所施肥料符合NY/T 496—2010要求。大量元素肥主要土壤施入，土壤施肥以有机肥为主、化肥为辅。微量元素以叶面施肥为主，可结合喷药进行。

养分管理有机无机结合，提倡营养诊断与配方施肥，施用缓释性有机复混肥或专用有机配方肥；可根据营养诊断指标制订施肥方案，应通过叶面补充缺乏的微量元素；限用氯化钾或氯化钾型复合（混）肥。

5.2 水分管理

水分管理和追肥同步进行，灌水时期、方法、用量合理。土壤干旱时要及时灌水，提倡滴灌、渗灌、微喷等肥水一体节水灌溉和沼液肥水一体灌溉。果实采收之后，及时灌一次透水恢复树势。

5.3　花果管理

花期采用蜜蜂授粉等方法辅助授粉，如遇雨天或低温时应进行人工授粉。缺锌、缺硼的梨园应分别用硫酸锌和硼砂叶面喷施补充。

5.4　树体管理

通过整形修剪、产量调节等技术，改善通风透光条件，确保果园植株生长整齐，树高、冠径、树形等指标基本一致，缺株率≤2%。

5.5　生草管理

林下生草栽培，撒播或栽植三叶草、紫花苜蓿、黑麦草等低矮牧草，增加土壤有机质，生产牧草，抑制杂草。

5.6　果实套袋

结合疏果进行果实套袋，及时疏除畸形、过密、伤病果，单果套袋。选用梨果专业袋进行幼果套袋，套袋前应加喷一次药液，但要避免选用悬乳液、乳油剂药品。

6　病虫害综合防治

6.1　防治原则

合理采用农业、生物、物理、化学等综合防治措施，全面应用杀虫灯、诱剂、粘虫色板和释放害虫天敌等，结合化学药剂挑治等（低限使用低毒低残留农药），将病虫害控制在经济阈值以下。

农药使用符合 GB/T 8321.9—2009 的规定，不使用高毒、高残留农药或其他禁限用农药。

6.2　冬季清园

结合冬剪，清除枯枝和废果袋，清除落叶、落果，全树、全园喷布一次 3～5 波美度的石硫合剂清园，消灭在叶、枝、果和园区土壤中越冬的病虫害，并尽快进行分类处理，用作薪炭材或粉碎后就近堆沤发酵还田。

6.3　生物物理防控

主要有频振式太阳能杀虫灯、粘虫板带、诱杀罐和矿质农药等生物、物理方法，同时，结合化学农药挑治，低限使用低毒低残留农药防控病虫害。

6.3.1　频振式太阳能杀虫灯　根据主要虫害类型，选择目标害虫敏感光源，按每盏 3.33 hm² 左右的密度，3～3.5 m 或高出树冠 0.5 m 的挂灯高度，全园安装频振式太阳能杀虫灯。主要防控金龟子、螽斯、蟋蟀、蝼蛄、桃小食心虫、梨小食心虫、梨大食心虫、桃蛀螟、桃红颈天牛、梨眼天牛、叶蝉、卷叶蛾、潜叶蛾、金纹细蛾、顶梢卷叶蛾、吸果夜蛾、灯蛾、白蛾、梨木虱、吉丁虫、毒蛾、尺蠖、叶甲、舟形毛虫等趋光性梨树害虫。

6.3.2　粘虫板　粘虫板主要悬挂在树冠中部外侧。防控粉虱、蚜虫、实蝇、桃蛀螟、突背斑红蝽等趋色性害虫，一般以预防性防控为主，最低悬挂密度为每 4 株挂一张，根据虫情用黄色粘虫板或黄、绿、蓝 3 种颜色的粘虫板，单独或混合悬挂，每年 2 次，即 3～6 月 1 次，7 月以后 1 次；虫害严重时，可在危害较重区域及时更新和加密悬挂粘虫板控制。

6.3.3　粘（诱）虫带　主要用在主干部位。在主干部位近地 10 cm 的区域，缠绕专用粘虫带或诱虫带，利用蛞蝓、蜗牛等害虫上下树习性粘杀和诱集扑杀；难以粘杀的昼伏夜出害虫，可选用含触杀药剂的粘虫带控制。

6.3.4　诱杀　采用糖、酒、醋诱杀罐和性诱剂等诱杀实蝇、夜蛾、卷叶蛾等害虫。

6.3.5　天敌防控　根据虫情适中投放捕食螨、七星瓢虫、螳螂、寄生蜂、草蛉等天敌，防控害虫。重点是用全爪螨、胡瓜钝绥螨等捕食螨控制红黄蜘蛛、锈壁虱、粉虱等害虫，利用重寄生菌防治梨锈病。

6.4　矿质农药防控

按照梨营养诊断检测数据，结合梨树必需矿物质需求，按照控丰补缺的原则，遴选有益矿物质，如硫酸铜、硫酸锌、硫酸镁、硼砂等；或矿物质的混合制剂，如波尔多液、石硫合剂等；或含有益微量元素的农药，如代森锰锌、代森锌、松脂酸铜等低毒低残留农药，防病害、补微肥。禁限用含有树体过量矿质营养元素的农药。

7　生态保护体系

7.1　水土流失防控

因地制宜，建立果园排水系统，方便汛期及时排出果园积水；围绕排水系统，配套建设生态缓冲堰、山坪塘，汇集积蓄径流，拦截泥沙。坡地果园应建设截洪沟、沉沙凼，减少水土流失。林下种植三叶草、紫花苜蓿、黑麦草等低矮牧草，增加土壤覆盖度，减少水土流失。

7.2　配置蜜源植物

针对梨树异花授粉结实率高的特点和蜜蜂等虫媒辅助授粉要求，根据当地生态气候条件，按年度周期，配置适宜的蜜源植物。可在园区周边适度混栽枇杷、李、桃、蓝莓、葡萄、柑橘等蜜源果树；果园林间种植油菜、蚕豆、三叶草等蜜源绿肥作物；在道路两旁、陡峭岩边种植玫瑰、樱花、海棠、蜡梅、报春花、紫穗槐、槐花树、玫瑰等蜜源木本花卉，地被菊等蜜源草本花卉，保护生物多样性，满足蜜蜂等媒介昆虫采蜜需求。

7.3　建立园周生态缓冲区

综合利用缓冲堰、人工湿地、山坪塘等建立果园水系生态缓冲区，在人工湿地种植水生植物，在堰、塘放流鱼苗，不投料养鱼，消纳富集于水中的氮、磷，净化水质，涵养水源。种植天敌栖息植物，如天葵、万寿菊、蓖麻及十字花科和伞形花科植物，诱集天敌栖息、生存和繁殖，结合配置的蜜源植物，建立陆地生态缓冲区，维护生物多样性。

8　产品要求

8.1　采收要求

根据品种特性、果实成熟度、用途和市场需求等确定适宜采收期。原则上成熟期间不能施用农药、化肥，采果前非特殊情况，不灌水，适度干旱，增加果实含糖量，提高果品质量。采果时备好采果用具，轻摘、轻放、轻装、轻卸，避免造成机械伤。夏季采收的果实及时预储预冷后，按果实大小分级包装和销售。雨天禁止采果，套袋梨果采收时，连同果实袋一并摘下，装箱时再去袋分级。

8.2 安全质量

产品符合 GB 2762—2017、GB 2763—2016 的规定。

8.3 产品认证

产品应通过无公害农产品产地认定和产品认证，有条件的应通过绿色食品、有机食品和 GAP 认证及地理标志登记。

9 质量管理要求

9.1 化学投入品管理

投入品的购买、存放、使用及包装容器回收管理等，实行专人负责，并建立进出库台账。

9.2 产品检测

采取自检或送检方式检测产品质量，对果实农药残留进行检测，不合格产品不上市销售。采用自检的应配备必要的常规品质检查设备和农药残留速测设备；采用送检的检测单位应是有资质的农产品质量检测机构。

9.3 质量追溯

建立完整的生产管理档案，详细记载农业投入品的名称、来源、用法、用量和使用日期；病、虫、草害及重要农业灾害发生与防控情况，主要管理技术措施，产品收获日期。对标准园内产品进行统一编号，统一包装和标识，实现产品全程质量追溯。档案记录保存两年以上。

生态茶园清洁生产技术

1 适用范围

本技术是在农业部现代生态农业基地——贵阳市花溪区久安乡贵茶生产基地总结提炼而成，规定了山区生态茶园清洁生产术语及定义、环境与规划、茶园建设、品种选择与质量要求、栽培管理、鲜叶采摘及运输、茶叶加工等，适用于西南生态涵养区茶园清洁生产。

2　引用文件

本技术参考了下列行业标准和地方标准，主要包括：

NY 5020—2001　无公害食品　茶叶产地环境条件

NY 5199—2002　有机茶产地环境条件

DB 52/T 621—2010　贵州无公害茶叶产地环境条件

DB 52/T 622—2010　贵州有机茶产地环境条件

NY/T 2172—2012　标准茶园建设规范

DB 52/T 623—2010　贵州茶树良种短穗扦插繁育技术规程

DB 52/T 624—2010　贵州无公害茶叶栽培技术规程

DB 52/T 625—2010　贵州有机茶栽培技术规程

DB 52/T 626—2010　贵州高产优质茶园栽培技术规程

SL 207—1998　节水灌溉技术规范

GB 50288—1999　灌溉与排水工程设计规范

GB/T 50085—2007　喷灌工程技术规范

GB 13735—1992　聚乙烯吹塑农用地面覆盖薄膜

GB 50330—2013　建筑边坡工程技术规范

NY/T 5018—2001　无公害食品　茶叶生产技术规程

NY/T 5019—2001　无公害食品　茶叶加工规程

DB 52/T 631　贵州无公害茶叶加工技术规程

3　术语和定义

3.1　生态茶园

生态茶园是指运用生态学原理，以茶树为核心，因地制宜地利用光、热、水、土、气等生态条件，合理配置茶园生态系统，提高太阳能和生物能的利用率，促进茶园生态系统内物质和能量的循环，较大地提高生产能力，使园区生态有利于调控茶树病虫害。

3.2 清洁生产

清洁生产是指不断采取改进设计、使用清洁的能源和原料、采用先进的工艺技术与设备、改善管理、综合利用等措施，从源头削减污染，提高资源利用效率，减少或者避免生产、服务和产品使用过程中污染物的产生和排放，以减轻或消除对人类健康和环境的危害。

3.3 茶园覆盖

茶园行间利用农膜、秸秆、绿肥等覆盖材料进行覆盖，用以保水控草增肥。

3.4 膜下滴灌系统

在地膜下铺设滴灌管道，用于灌溉、施肥。

4 基地选择和规划

4.1 产地环境条件

应符合 NY 5020—2001、NY 5199—2001、DB 52/T 621—2010 和 DB 52/T 622—2010 的规定。

4.2 基地规划与建设

有利于保护和改善茶区生态环境、维护茶园生态平衡，发挥茶树良种的优良种性，便于茶园灌溉和机械操作，参照 NY/T 2172—2012。

4.3 道路和水利系统

根据基地规模、地形和地貌等条件，设置合理的道路系统，包括主道、支道、步道和地头道。大中型茶场以总部为中心，与各区、片、块有道路相通。规模较小的茶场，设置支道、步道和地头道。建立完善的水利系统，做到能蓄能排。修建茶园蓄水池和提灌站，宜建立茶园节水灌溉系统。参照 NY/T 2172—2012。

4.4 生态茶园建设

4.4.1 茶园种植与一般管护参照 DB 52/T 623—2010、DB 52/T 624—2010、DB 52/T 625—2010、DB 52/T 626—2010。

4.4.2 茶园四周或茶园内不适合种茶的空地应植树造林，茶园的上风口应营造防护林。主要道路、沟渠两边种植行道树，梯壁坎边种花草。防护林带树种，要求能适应当地的气候和土壤条件，与茶树无共同病虫害及有一定的经济价值或观赏价值，如松树、桂花树、竹柳等。

4.4.3 修建茶园田间水土保持工程，对茶园山体坡度大于15°～20°、水土流失严重的茶园应修建生态拦截沟，或者建设边坡治理工程，如果难以控制就应退茶还林还草。

4.4.4 修建茶园膜下滴灌系统、喷灌系统。

4.4.5 建立茶园废弃物回收池，对废旧地膜、废渣、枯枝落叶等进行回收分类。废渣、枯枝落叶进行堆沤腐熟，做有机肥用。废旧地膜运出茶场并妥善处理。

4.4.6 新建茶园、幼龄茶园行间播种绿肥。根据绿肥特性、茶园土壤、树龄及气候特点等因素选择绿肥品种，合理密植。

4.4.7 安装太阳能杀虫灯、黄板、饲养天敌等。

4.4.8 建立完善的农事活动档案，记载生产过程中如农药、肥料的施用情况及其他栽培管理措施。

5 栽培管理

5.1 控水措施

根据当地茶园的灌溉习惯和灌溉要求，结合降水情况，制定灌溉制度，参照 SL 207—1998，工程建筑物设计参照 GB 50288—1999。建议山区茶园灌溉主要在 4～9 月进行，周期为 12 d，每次灌溉延续时间为 5 d，歇灌 8 d，茶叶的一个生长周期内灌水 10 次。灌溉水质量监测参照 NY 5199—2002。水池建于高位，容积根据灌溉区规模设置。

5.1.1 滴灌 根据茶树株距设置滴头间距，出流量 2.0 L/h，茶树行距设置毛管（滴灌管）间距，工作压力根据坡度设置，滴灌管沿作物根部种植方向布置于地面。

5.1.2 喷灌 根据地形条件、土壤的允许喷灌强度、风速等条件设置，参照 GB/T 50085—2007。

5.1.3　地表覆盖　可采用行间地膜覆盖，地膜标准参照 GB 13735—1992；也可使用秸秆覆盖（选用材料需送检重金属、农残等），包括药渣、酒糟、水稻秸秆等。也可两者结合同时覆盖。

5.2　施肥措施

结合茶树生长及土壤肥力状况，选用有机肥、绿肥、秸秆堆沤肥等产品。

（1）有机肥。施用有机肥分为基肥与追肥。

基肥：结合冬季田间管理，12 月下旬施用有机肥，建议每 667 m^2 用量 200～300 kg（N12％、P_2O_5 18％、K_2O 25％），以开沟施肥方式进行，沿茶树滴水线开沟，沟深 20 cm，宽 15 cm，均匀施入并及时覆土。

追肥：在茶树生长季节，适当追施有机肥，建议每次每 667 m^2 用量 5～8 kg（N8.2％、P_2O_5 2.8％、K_2O 1.3％），采用行间均匀撒施。其中，第一次追肥在 2 月底越冬芽萌动前，第二次追肥在 5 月底夏茶萌动时。

（2）绿肥。

① 绿肥种植：根据茶园类型、土壤特点、气候条件和绿肥特性等选择栽培，建议选择三叶草、苕子等豆科类绿肥。在幼龄茶园间作绿肥，选择不误农时、不碍茶树的品种，建议选择大豆、花生、蔬菜等。

② 绿肥利用：可以直接埋青做肥料，制成堆肥或沤肥做茶园基肥，刈青后直接铺在茶园行间做土壤覆盖物。

（3）秸秆堆沤肥。茶园枯枝落叶、干或鲜秸秆、杂草腐熟后施用。

5.3　病虫草害防治措施

5.3.1　病虫害防治

（1）物理措施

① 太阳能杀虫灯。设置太阳能杀虫灯，每台灯控制的面积不低于 1.33 hm^2，光源波长范围 380～780 nm。还可与性诱剂或食物

诱剂配合使用，提高诱捕效果。

② 多功能防虫器。主要由黄色防虫板、蓝色防虫板、糖醋诱杀剂、性诱剂组成，根据茶园病虫害程度、季节等情况设置放置密度及更换频率，每 667 m² 可以设置 6～10 个。

（2）生物措施

① 根据茶园情况、病虫特点，针对性的选用符合标准的生物农药。

② 采用以螨杀螨、以虫杀虫技术。可在路道上栽种天敌昆虫喜好的寄主植物、开花植物，也可以释放天敌，蓟马危害高峰前期可挂放胡瓜钝绥螨。

（3）化学措施

配合冬管使用石硫合剂进行清园处理，可防治茶园中的茶饼病、茶炭疽病、茶白星病等病害。建议配方为硫黄、石灰、水、洗衣粉比例 2∶1∶10∶0.4。石灰：要求色白、质轻无杂质、含钙量高的优质石灰（广籽石灰）；硫黄：色黄、质细的优质硫黄，最好达到 350 目以上；洗衣粉（加快硫黄溶解）：以中性为好。

（4）农艺措施

可采取分批采摘、摘除害虫，合理修剪、剪除虫枝，种植诱集作物，合理施肥、翻耕等措施。

5.3.2　草害防治　成龄茶园可以通过行间地膜覆盖、秸秆覆盖、地膜＋秸秆覆盖，间套作绿肥如三叶草、苕子等。幼龄茶园还可以种植经济作物，如大豆、花生、蔬菜等。

5.4　水土保持措施

5.4.1　种植模式

通过横坡等高种植模式种植茶树来减少水土流失。梯层开垦遵循等高梯层、缓路横沟、深挖条垦、心土筑埂、表土回园、条植绿化等技术要点，园地土壤条垦深挖 30 cm×40 cm 左右种植沟，茶园每隔 10～12 个梯级设置一条横路，路宽 1.2～1.5 m，每隔 40～50 m 设置一条纵路，路宽 1～2 m，园面呈外高内低式（斜度约为 5°）。

5.4.2　生物工程

在茶园四周空缺地及道路两旁等地带状种植中、大苗的樟树、桂花、松树等树木，以及在裸露的地表和梯壁种植易成活、生长快、根系发达、叶茎矮或有匍匐茎的多年生当地草种，可参照 GB 50330—2013 中的 15.3。

5.4.3　控制性工程

参照 GB 50330—2013 中的 15.2。

5.5　农业面源污染防控措施

5.5.1　生态拦截沟

生态沟渠宽为 1 m，深为 0.9～1.2 m，沟渠平缓地段施工采用素土夯实，并在其夯实层上方铺设 150～200 mm 厚植生土，种植一些吸附能力较强的水体植物，沟渠底每隔一定距离设置拦水坎，使渠底起端水深≥100 mm，以满足作物区的植物生长用水，固定坡、岸泥沙，降低水体中的氮、磷含量，达到清除垃圾、淤泥、杂草和拦截污水、泥沙、漂浮物的作用。

5.5.2　农业废弃物收集

根据茶园规模、农业废弃物产生量等条件，修建废弃物收集池。

6　鲜叶采摘及运输

按 DB 52/T 624—2010 执行。

7　茶叶加工

茶叶加工的加工厂、设备、人员、加工技术应符合 NY/T 5018—2001、NY/T 5019—2001 和 DB 52/T 631—2010 的规定。

满足以上茶叶加工要求的基础上，引进与国际接轨，集清洁化、环保型生产、加工、包装于一体的自动化流水线。

第三章

南方水网区绿色生态种养技术

规模化稻虾共作生态种养技术

1 适用范围

本技术是在农业部现代生态农业基地——湖北省鄂州市桐山村中实施基础上提炼而成，规定了养虾稻田的环境条件、稻田改造、养殖模式、水稻种植模式、日常管理和收获方法的技术要求，主要用于克氏原螯虾养殖与水稻种植共作的无公害生产，适宜于水源条件充足的大面积连片稻作区，可在我国广大南方环境与耕作制度条件相同或近似的地区进行推广。

2 引用文件

本技术重点参考了以下国家标准、行业标准和地方标准，主要包括：

GB 11607—1989 渔业卫生标准

GB 13078—2017 饲料卫生标准

GB/T 18407.4—2001 农产品安全质量 无公害水产品产地环境评价要求

NY 5051—2001 无公害食品 淡水养殖用水水质

NY 5071—2002 无公害食品 渔用药物使用准则

NY 5072—2002 无公害食品 渔用配合饲料安全限量

NY/T 5117—2002 无公害食品 水稻生产技术规程

SC/T 1009—2006　稻田养殖技术规范

DB42/T 496—2008　虾稻轮作　克氏原螯虾稻田养殖技术规程

3　稻虾共作生态模式概念

稻虾共作是一种种养结合的养殖模式，即在稻田中养殖小龙虾并种植一季中稻，在水稻种植期间小龙虾与水稻在稻田中同生共长。具体来说，就是每年的 8～9 月中稻收割前投放亲虾，或 9～10 月中稻收割后投放幼虾，第二年的 4 月中旬至 5 月下旬收获成虾，同时补投幼虾，5 月底、6 月初整田、秧，8～9 月收获亲虾或商品虾，如此循环轮替的过程。

4　稻田的区位与面积设计

4.1　区位选择

养虾稻田选择在阳光充足，生态环境良好，水源充足、远离污染、水质清澈、排灌方便的周边，稻田保水性能好，土壤质地偏黏性，以低湖田、冷浸田及冬泡田为宜。

在传统稻田改做稻虾田之前的农药化肥使用情况要符合 GB/T 18407.4—2001 的要求。稻虾田灌溉水质要符合 GB 11607—1989 和 NY 5051—2001 的要求，以湖泊水为宜。

4.2　面积设计

养虾稻田面积大且连片，20 000～66 700m² 为一个养殖单元为宜，以方便管理、减少额外的费用及增加收益。

5　稻田的改造

5.1　改造时间

在 9～11 月水稻收割完之后进行改造。

5.2　环形沟的建设

环形沟是小龙虾主要的栖息生存和打洞的场所。沿稻田四周的田埂向内延伸 1～2 m 开挖环形沟，环形沟宽 2～4 m，深约 1 m，上宽下窄，坡比 1∶2.5 左右。在稻田的一侧需留有可供机械耕作、播种和收割通过的通道。环形沟的四角拐弯处要呈弧形，开挖面积占稻田总面积的 10% 左右。环形沟从进水端到出水端要有一定的倾斜，以便进水时整个稻田的水沿环形沟方向流动，水体交换效果好，也方便捕获小龙虾。

5.3　田间沟的建设

对于面积超过 3.33 hm² 的养虾稻田还要在稻田中开挖田间沟，增加小龙虾的活动范围，方便管理水稻及巡田观察。在稻田中开挖"十"字形或"井"字形的田间沟，沟宽 1~2 m，沟深 0.8 m。

5.4　筑埂

筑埂可加深水位，增加小龙虾的活动空间和防止小龙虾的逃跑。

田埂分外埂和内埂，利用开挖环形沟的泥土来加固、加高、加宽田埂。外埂高于田面 0.6~1 m，顶部宽 2~3 m，田埂加固时每加一层泥土要夯实，以防暴雨天气渗水和坍塌。内埂围绕稻田的四周，使之与环形沟隔离开，便于稻田的耕地、除草、打药等日常管理，同时可防止小龙虾在水稻苗期时进入稻田而伤害水稻的正常生长，埂高 30 cm，宽 50 cm，田埂要夯实。

5.5　进、排水设施的建设

进、排水管道采用直径为 20 cm 的 PVC 管，将其埋在稻田的斜对角上，进、排水系统要互相独立，进水口要设在田埂上、排水口设在环形沟的最低处，水流高进低处，利于灌溉的方便进行。为防止敌害生物随水流进入，进水口可用 20 目的长型网袋过滤进水。

5.6　防逃设施的建设

主要对进、排水口和田埂这两个地方设置防逃设施。

在进、排水口的管口要用过滤网封好，以避免在换水时小龙虾逃跑及有害动物（鱼、蛇、青蛙、老鼠等）进入虾沟，用 8 孔/cm（相当于 20 目）的长型网袋过滤。

在田埂的内侧边缘用石棉瓦、钙塑瓦、水泥板和塑料膜等设施下端埋入田埂地下 40 cm 左右，露出地面 50 cm 左右。若采用塑料膜要每隔 2 m 设个木桩，木桩高 50 cm，塑料膜底部埋入地下，露出地面 60 cm，并将塑料膜用铁丝固定在木桩上。在拐角处要设成圆弧状，防止小龙虾爬堆逃跑。面积较大的集中连片的稻田，小龙虾不易逃跑，也可不设防逃设施，以节约财力和人力。

5.7 生态拦截沟渠的建设

生态沟渠工程构造参照《农田径流氮磷生态拦截沟渠构建技术规范》中的生态沟渠进行设计。生态沟渠建设密度应能满足农田排水要求和生态拦截需要，分布在农田四周与农田区外的河道之间，长度要在 100 m 以上，具体沟渠长度可根据水质变化而定。

渠底种植 N、P 高富集性、具有利用价值、不影响排灌的水生植物，如石菖蒲，水芹，狐尾草，铜钱草等；渠侧种植 N、P 高富集、不影响排灌的小型藤本植物，常春藤和络石等。

5.8 维护管理

由于小龙虾每年都会在田埂底部打洞，会使田埂塌陷，所以每年都要对田埂进行修整，确保田埂泥土的夯实。

6 水稻栽培生产技术

6.1 水稻直播技术

6.1.1 水稻品种的选择 养虾稻田一般只种一季中稻，水稻品种要选择叶片开张角度小，抗病虫害、抗倒伏且耐肥性强的紧穗型优质稻品种。

6.1.2 水稻种子处理 先晒种 1～2 d。种子经风选、筛选和清水漂浮后，只浸种不催芽，泡种 18 h，为确保全苗，催芽整齐至破胸为宜。

6.1.3 播种时间 6 月上中旬播种，在播种前将水位缓慢降低到田面以下，使小龙虾会自行爬到环形沟内。

6.1.4 播种方式 有撒播、穴播和条播 3 种方式。条播或机械穴播适于密植和中耕除草，也有利于群体通风透光状况的改善。

6.1.5 播种量和播种技术 播种量以确保全苗为前提，每 667 m² 播种 2～4 kg 水稻种子，条播或穴播比撒播的播种量可适当减少，为保证撒播条件下的播种均匀度，应做到分畦称量 2 次均匀撒播,第一次播 2/3,第二次播 1/3。为防止缺苗对产量的影响,可在 2 叶 1 心期进行移密补稀。

6.1.6　整地要求　做到田面平整,稻田在播种前 7~10 d 平整后起畦、耥平,标准是田面高低差不超过 3 cm,接近秧田水平。开沟整厢,小田块先播种后开沟,大田块先开沟整厢后播种,在田平的基础上,进行起沟做畦。沟宽 15~20 cm,沟深 10~15 cm,畦宽 2~2.5 m,大田块加开较宽深的横沟。

6.1.7　基肥施用　第一年养虾的稻田在插秧前施足基肥,以腐熟的有机肥为主,少施追肥,禁止使用对小龙虾有害的化肥,如氨水、碳酸氢铵。每 667 m² 施农家肥 200 kg,复合肥 5~10 kg,尿素 10~15 kg,均匀地撒在田面并用机器翻耕耙匀。对于养虾一年以上的稻田,已腐烂的稻草,小龙虾的排泄物将作为水稻插秧前的基肥,根据实际情况可以减少肥料的施用。

6.2　水稻日常管理

6.2.1　追肥管理　为促进水稻稳定生长,保持中期不脱力,后期不早衰,群体易控制,在发现水稻脱肥时,施用既能促进水稻生长,降低水稻病虫害,又不会对小龙虾产生有害影响的生物复合肥。施肥方法是:先排浅田水,让虾集中到环沟中再施肥,这样有助于肥料迅速沉淀于底泥并被田泥和禾苗吸收,随即加深田水至正常深度。严禁使用对小龙虾有害的化肥,如氨水和碳酸氢铵等。

6.2.2　水分管理　采用 4 阶段法管理水分:①湿润出苗,即从播种到二叶一心期要保持土壤湿润。②浅水分蘖,适时晒田。3叶期后宜建立浅水层,促进分蘖发生;当水稻植株分蘖达到80%时,排水晒田。③拔节期复水,即在孕穗至抽穗时建立浅水层,促进抽穗整齐。④湿润灌浆,晒田备收。齐穗期后采取间隙湿润灌溉,一般晴天灌一次水后,自然落干,断水 1~2 d 再灌,防止田面发白;成熟前 5~7 d 断水晒田,以备收割。

6.2.3　科学晒田　水稻晒田分两次。一次在 7 月中旬到 8 月,在水稻分蘖末期,当稻田里 80% 的植株分蘖完成时开始晒田,促使根系下扎,以利壮苗。晒田前要使田面水位缓慢降到田面以下

20 cm 左右，使小龙虾爬入环形沟。晒田的程度以水稻浮根泛白为宜，大概需要 15 d 左右。晒田以后要及时复水，使水位达到田面以上田晒好后，以免导致环沟小龙虾密度因长时间过大而产生不利影响。第二次晒田在水稻成熟前一周，以备机械收割。

6.2.4　田间杂草防除　田间杂草不多的情况下，可采用人工除草的方法，若发生草害可选择对小龙虾及水体无害的生物除草剂，应按照 NY 5071—2002 的规定执行。

6.2.5　水稻病虫害防治　在水稻抽穗期发现有虫害，可将田面水位提高到 20 cm，使小龙虾回到稻田取食水稻害虫。对于面积较大的养虾稻田，可采用频振杀虫灯诱捕害虫，每公顷安装 1 台为宜。当虫害严重时可以参照水稻病虫害绿色防治技术，使用一些对小龙虾无危害的生物药品喷洒水稻，水稻的病虫害防治与农药使用应按照 NY 5071—2002 的规定执行。

6.3　水稻的收获

水稻的收获时间是 9～10 月，水稻收获前的半个月要将环形沟水位缓慢降到田面 20 cm 以下，然后晒田一周以备水稻收割。采用机械收割从预先留好的机械通道进入。水稻收割留茬 30～40 cm，收割后的水稻秸秆还田，然后逐渐加深水位至田面以上 20 cm 左右。秸秆浸泡几天后，水会变黄，要及时换水。

7　稻田养虾管理技术

7.1　养殖前的准备

7.1.1　田间消毒　挖好的环形沟和田间沟在小龙虾放养前 10～15 d 用生石灰每 667 m² 70～80 kg 撒入，杀灭有害的病菌，驱赶有害动物，为小龙虾提供健康的栖息场所，消毒 5～7 d 后，方可注水。

7.1.2　投放有机肥　水稻收割完复水之后，按每 667 m² 100 kg 标准投放用编织袋封口的腐熟鸡粪，浸泡两个月后再将鸡粪均匀地撒向田中，腐熟的鸡粪会滋养微生物，作为小龙虾的食物，还会增加土壤的肥力。

7.1.3　水草种植和投放有益生物　待消毒药物的毒性消失后，在环形沟内栽植水草，根据水草品种选择栽植时间、位置、方式并调整注水高度。待水草长满全沟后逐步加深水位。

一般以栽植沉水植物和浮水植物为主，沉水植物有伊乐藻、轮叶黑藻和苦草等，浮水植物水葫芦和水花生等。在沟中央以栽植轮叶黑藻和水花生为宜，在沟四周以种植伊乐藻、苦草为佳。水葫芦和水花生以零星分布为好，夏季可为小龙虾遮阴避暑，但不可大量连片生长，以免影响光照和水的溶氧量。水草总体种植面积控制在环沟面积的 20%～30%。

还可在沟内投放一些有益生物，如水蚯蚓、田螺、蚕蛹、浮游生物等。水草和有益生物既可净化水质又为小龙虾提供天然饵料。

7.2　小龙虾的投放

7.2.1　亲虾的选择标准　颜色暗红或深红、有光泽、体表光滑无附着物；个体大，雌雄性个体重都要在 35 g 以上；雌、雄性都要求附肢齐全、体格健壮、活动能力强。

7.2.2　亲虾的运送　在亲虾的运输中，将挑选好的亲虾用不同颜色的塑料虾筐按雌雄分装，每筐上面放一层水草，保持潮湿，避免太阳直晒，运输时间应不超过 10 h，运输时间越短越好。考虑到虾的质量避免近亲繁殖，雌虾可以采取不同地点购买。

7.2.3　投放量的确定　初次养殖的稻田每亩投放小龙虾 20～30 kg，已养的稻田每 667 m² 投放 5～10 kg。雌雄比例控制在 (2～3)：1。

7.2.4　投放方法　待水稻收割完且水草种植长好后，将水位加深至高出田面 20 cm 左右，选择在晴天的早上、傍晚或阴雨天进行投放。投放时在环形沟和田间沟选择多个放养点，保证虾苗分布均匀。先将虾筐浸水几次使虾苗适应水温，然后将虾筐倾斜，让小龙虾自行爬出，活动能力弱、不能自行爬出的留下不再放养。在放养之前对虾苗进行消毒，用浓度为 3% 的食盐水浸洗 3～5 min 进行消毒。

7.3　日常管理

7.3.1　饲料投喂　稻田内的藻类、水草、腐烂的秸秆、浮游生物、水生昆虫等都是小龙虾的天然饵料，从 9 月投放虾苗到越冬前，每天傍晚 5 点投喂一次，投喂饵料为水草，占虾体重量的 1% 左右。另外，每周宜在田埂边的平台浅水处投喂一次动物性饲料，投喂量一般以虾总重量的 2%～5% 为宜，具体投喂量应根据气候和虾的摄食情况调整。当水温降低到 12 ℃以下，小龙虾开始打洞越冬，很少出来活动吃食，越冬期间不需要投食。次年的 3 月水温高于 15 ℃开始投食，投喂饵料为麸皮、饼粕、油糠、黄豆和一些用 3% 食盐水消过毒的动物性饲料等，占虾体重量的 2%～5%。水温高于 30 ℃，小龙虾进入洞穴避暑，很少出来活动吃食，所以在这期间不需要投喂。

投喂食物要观察水质的变化及小龙虾的活动，如若水质透明度降低或小龙虾活动异常，有病害发生时可以少投或不投。所有投喂饵料都应符合 GB 13078—2017 和 NY 5072—2002 的要求。

7.3.2 水质管理 稻田养虾对水质的要求较高。平时水质要求透明度在 30 cm 左右，pH6～8。定时对环沟消毒，每半个月用生石灰消毒一次，每 667 m² 用量为约 25 kg，若水质较好消毒的间隔时间可适当增大，所撒的生石灰对水稻生长没有影响。特别地，在秸秆还田后，秸秆在田中几天后会使水质变黄，要将这部分水换掉，以保证水质清新。

7.3.3 水位管理 分水稻生长期和非水稻生长期两个时期，水稻生长期以水稻生长为主，非水稻生长期则以虾子生长为主。

在水稻生长期间，在水稻播种前一周一直到水稻分蘖 3～4 叶期间水位都要低于稻田 20 cm，防止小龙虾在这期间进入稻田将水稻幼苗夹断，破坏水稻的生长。水稻分蘖 3～4 叶之后按水稻生长需求控制田面水位，并可将环形沟水位提升到田面以上。

在非水稻生长期间，按照"浅—深—浅—深"的办法进行水位管理，即 9～12 月保持田面水深 10～20 cm 的浅水位，12 月至翌年 2 月保持水位至 30～50 cm 的深水位，3 月到 4 月上旬水温回升时保持水位 10～20 cm 的浅水位，4 月中旬至 5 月底保持水位至 30～50 cm 的深水位。

7.3.4 虾苗补充 每年3月初，根据小龙虾的捕获量估测幼虾的密度，若密度偏小可适量补投一些幼虾，投放规格为3~4 cm。

7.3.5 日常巡田 每天早、晚巡田观察水质情况，要使水的透明度达到30 cm左右。观察小龙虾的田间活动和摄食情况，若一些小龙虾爬出环形沟，说明水质不够好，影响小龙虾的生存，这时就要及时换水。平时还要做好排涝、防洪、防逃的工作，随时掌握天气情况，一旦遇到暴风雨天气，及时检查进、排水口及防逃设施是否完好。做到勤检查、勤记录、勤总结、勤研究。观察水稻的生长状态，及时追肥，提早预防病虫害的发生。

7.3.6 小龙虾病虫害防治 放养小龙虾前用生石灰消毒，杀死病原菌。小龙虾的病害易发生在3月初气温回升时期，当气温连续一周达到15 ℃以上就要开始消毒。一般每667 m² 用25 kg的生石灰撒到水面上，每隔一周消毒一次。重复3~4次后，若小龙虾无异常可恢复至半个月消毒一次。若发现小龙虾虾足无力、行动迟缓、伏于水草表面或浅水处等异常状态，要施用生物农药杀死病原菌，治疗过程应按NY 5071—2002要求操作。

7.3.7 敌害防治 为防治鼠类、青蛙、水蛇和鸟类等小龙虾敌害，设置稻草人驱赶鸟类，设置老鼠夹子捕捉老鼠，安装进、排水口的过滤网防治青蛙和水蛇进入，用杀虫灯杀死害虫。

7.4 小龙虾的收获

7.4.1 捕捞时间 第一季捕捞时间从4月中旬开始，到5月下旬结束。第二季捕捞时间从8月上旬开始，到9月底结束。

7.4.2 捕捞工具 捕捞工具主要是地笼。地笼网眼规格应为2.5~3.0 cm，保证成虾被捕捞，幼虾能通过网眼跑掉。成虾规格宜控制在每尾30 g以上。

7.4.3 捕捞方法 采用网目2.5~3.0 cm的大网口地笼进行捕捞。开始捕捞时，不需排水，直接将虾笼布放于稻田及虾沟之内，隔几天转换一个地方；当捕获量减少时，可将稻田中水排出，使小龙虾落入虾沟中，再集中于虾沟中放笼，直至捕不到商品小龙虾为止。在收虾笼时，应将捕获到的小龙虾进行挑选，将达到商品的小龙虾挑出，将幼虾马上放入稻田，勿使幼虾挤压，避免弄伤虾体。

8 效益分析

稻虾共作将水田生态系统的种植业与养殖业有机结合起来，在确保粮食产量稳定的前提下大幅提高综合效益，形成了"一水两用、一田双收、粮渔双赢"的格局，实现了水稻稳产、水产品产量增加、农产品品质提升的目的，取得了"1＋1＝5"（水稻＋水产＝粮食安全＋食品安全＋生态安全＋农业增效＋农民增收）的良好效果，有效地实现了"三大效益"（生态效益、经济效益和社会效益）的有机结合，为低湖稻区开辟出了一条行之有效的现代生态农业模式。

8.1 生态效益

稻虾共作是典型的生态农业发展模式，适应了"一控两减三基本"的要求。小龙虾能够为稻田疏松土壤、清除杂草和害虫幼卵，其排泄物又可为水稻生长提供营养；稻田可为小龙虾提供充足的水，适量的食物及活动、栖息的场所，从而有效地实现了稻虾的互利共生。结合绿色防控、秸秆还田等技术措施，该模式能够大幅减少农药和化肥用量，实现改善生态环境、提高农产品质量和价值的良好效果。稻虾共作试验表明，稻田化肥使用量下降30%以上，农药使用量下降70%以上。

8.2 经济效益

稻虾共作是一项种养结合、降本增效的生态农业技术，最大限度地提高稻田产出率，达到了虾稻同步增产、品质同步提升的目的。试验表明，采用稻虾共作模式，平均每667 m² 生产稻谷624.7 kg、小龙虾124.5 kg，每667 m² 产值5 546.6 元，每667 m² 纯收入2 978.2 元，相比单一种植水稻平均每667 m² 纯收入提高2 000 元以上。

8.3 社会效益

稻虾共作不仅可在确保粮食产量稳定的前提下实现农民增收，

而且十分有利于农产品质量的提升，符合国家供给侧结构性改革的现实要求。同时，稻虾共作可以实现稻草全量还田，有利于促进秸秆禁烧。

规模化葡萄园套草养鸡技术

1　范围

本技术是在鄂州市桐山村葡萄生态种植基地上总结而成，明确了"葡萄套草养鸡"的定义，葡萄园及鸡舍规划，葡萄、牧草和土鸡品种选择及搭配，葡萄栽种管理，土鸡养殖管理，葡萄常见病虫害及生物物理防治，葡萄病死株及发病土鸡生态处理，葡萄和土鸡收获及加工技术要求等，适用于我国南方规模化"葡萄套草养鸡"模式。

2　引用文件

本技术参考了以下国家标准、行业标准，主要包括：

GB 13078—2017　饲料卫生标准

GB 2763—2014　食品农药最大残留量标准

GB 16548—2006　病害动物和病害动物产品生物安全处理规程

GB 16549—1996　禽畜产地检疫规范

NY 5027—2008　无公害食品　畜禽饮用水水质

NY 5030—2006　无公害食品　畜禽饲养兽药使用准则

NY 5032—2006　无公害食品　畜禽饲料和饲料添加剂使用准则

NY 5087—2002　无公害食品　鲜食葡萄产地环境质量标准

NY/T 388—1999　畜禽场环境质量标准

3　术语和定义

葡萄套草养鸡：葡萄套草养鸡属于一种立体种养循环农业模式，即利用生态位和物质循环等原理，利用空间垂直性构建起的一种葡萄下种草，草上养鸡农业模式。

4 葡萄园及鸡舍规划

4.1 葡萄园规划

葡萄园基地当地气候条件一般要求：年降水量 $600\sim800$ mm，$10\,℃$以上有效积温$\geqslant2\,500\,℃$，水热系数 $K\leqslant2.5$，干燥度 $1.5\leqslant K\leqslant2.0$，土地以 pH 中性偏碱的石砾土或沙壤土为好，基地应选择水质条件良好、生态环境优良、空气质量好、周围 300 m 无任何污染源等的地块进行大棚葡萄种植。基地环境应符合无公害食品鲜食葡萄产地环境条件 NY 5087—2002 中的规定。

葡萄南北行植，按深 60 cm，宽 100 cm 挖掘定植沟，每 667 m² 按 $5\,000\sim10\,000$ kg 有机肥与熟土混合后填入沟中，生土覆上，浇水沉实。

栽培行南北段设立支柱，一般在支柱距地面 110 cm 处牵引铁丝，便于葡萄蔓生长，葡萄架建议采用双十字 V 形架，不宜采用篱架式或棚架式。每座葡萄园建议采用长×宽＝33 m×10 m，每 667 m² 地建设 2 座葡萄大棚。每 $1/3$ hm² 为一个作为轮放分区，在外周设置防逃网。

4.2 鸡舍规划

鸡舍场址选择要求地势平坦，坐北朝南，背风向阳，宽阔安静，水电通畅，喂料方便的地方。远离交通主干线和居民区 1 km 以上。鸡场周围环境质量应符合 NY/T 388—1999 的规定。

鸡舍面积一般 $40\sim45$ m²，鸡舍顶檐高距地面不低于 2 m，在距地面 1.5 m 处，安装 6 盏 25 W 白炽灯，鸡舍内可用直径 8 cm 左右圆木搭设阶梯式栖息架，地面铺垫 5 cm 厚锯末、米糠或麦麸，舍内安装自动饮水机 3 个，鸡舍周边设置堆肥池或发酵沼气池。平均每个鸡舍饲养 $100\sim150$ 只鸡，每 $1/3$ hm² 葡萄园设置一个鸡舍，同时在每个葡萄园大棚内均匀设置 10 个蛋框。鸡舍建设在分区几何中心。

5 葡萄、牧草和土鸡品种选择与搭配

5.1 葡萄品种选择

葡萄品种选择应具体考虑葡萄园基地的气候，土壤及相关市场需求等相关因素。以湖北省为例，该区域属亚热带季风湿润气候，年降水量 800～1 600 mm，日照 1 800～2 000 h，雨热同季，高温高湿，应选择品质好，抗病抗逆性强，丰产性好的早熟欧美杂交类品种，如巨丰品系等。

5.2 牧草品种选择

牧草品种选择应选择耐踩踏、再生性强和耐阴性强品种。葡萄园规划之后一般以黑麦草为先锋草清除其他杂草。葡萄园下一般常栽种白三叶和百脉根等。可以按照豆科牧草 60%～70%，禾本科牧草 30%～40%的比例混播，以保证土鸡营养均衡。

5.3 土鸡品种选择

土鸡品种选择应选择适应性强，活动范围广，勤于觅食，抗病力好，体型小，耐粗饲，肉质细嫩上乘味美的优质地方土鸡。根据美观要求，一般选择黑色脚或青黑色脚鸡。湖北省地方土鸡品种一般有江汉鸡、景阳鸡、郧阳白羽乌鸡、青脚淮南、固始鸡等。

5.4 葡萄、牧草和土鸡搭配

5.4.1 密度搭配

葡萄种植密度一般为每 667 m² 150～160 株；牧草每季条播量每 667 m² 为 0.75～1.0 kg；土鸡放养密度一般为每 667 m² 10～15 只。

5.4.2 时间搭配

葡萄从第一年 9 月定植至第二年 8 月才能收获，此后，假若植株未感病，每年 7～8 月均可结果，一般控制产量在 5 000 kg 左右最好。在此期间，可以在距葡萄根系 20 cm 两侧分别条播种植冬春季牧草；土鸡育雏时间一年有两次，分别是 3～4 月和 9～10 月，可以根据土鸡生长及季节轮换在葡萄园里种植合适牧草。

6 葡萄栽种管理

6.1 葡萄定植

选用芽眼饱满根系发达生长健壮，基部保留 2～3 个饱满芽，根系保留 15～20 cm，不足 15 cm 的也要剪个新茬，并于修剪后用清水浸泡 12～24 h。双行带状种植，大行距 150～200 cm，株距 50 cm。定植穴穴深 30 cm，直径 25～30 cm。要求根系舒展，逐层培土，踏实，灌水，在苗木顶上部培土 3～5 cm，底直径 15 cm 的小土堆，待芽萌发后撤除土堆。

6.2 整形修剪

第一年，定植后留 2 个芽短减，生长季所有副梢留 1 片叶子反复摘心，主蔓达到 120 cm 时摘心，摘心处下部留 2～3 个副梢，每个副梢留 2～3 片叶反复摘心。冬剪时，壮蔓（来年结果做母枝结果）长剪留 100 cm 左右，弱蔓（作为预备枝）短剪留 2～3 个芽，所有副梢从基部剪掉。

第二年，壮蔓留 3～5 个结果枝，果穗以上主梢留 7～8 片叶，摘心，果穗以下副梢抹去，果穗以上副梢每次留 1 片叶，反复摘心，顶端 1～2 个副梢留 3～4 片叶，反复摘心。果实采收后，结果母枝从基部全部剪掉，弱蔓发出 2 个营养枝，主蔓长到 120 cm 时摘心，副梢除顶端一个留 1～2 片叶，反复摘心外，其余剪掉。冬剪时，壮的长剪留 100 cm 左右，弱的留 2～3 个芽短减。以后每年与定植第二年方法相同。冬季修剪一般每 667 m² 留芽 0.7～1.2 万个。

6.3 肥水管理

6.3.1 施肥管理

葡萄施肥阶段主要分为基肥、追肥和叶面施肥。基肥和追肥可以选用复合肥、有机肥和发酵鸡粪。基肥用量一般每 667 m² 5 000 kg 有机肥等；追肥用量一般每次每 667 m² 15～20 kg 复合肥或尿素，追肥分为：催芽肥、催条肥、催果肥和催熟肥。叶面施肥按照不同时期选用不同肥料合理施用，常选用尿素、硼砂或硼酸、磷酸二氢钾等，叶面施肥时期为生长前期、开花前期、果色着色期和枝条成熟期。

6.3.2　灌水管理

可以采用水肥一体化技术滴灌，从定植后每 3 d 浇水一次，每个星期集中浇水一次，天气干燥时加大浇水频率和水量；其中在葡萄植株萌发前、花序出现至开花前、开花后至浆果着色这三个时期要保证水量充足。浆果采摘后，可以结合追肥灌溉一次。

6.4　葡萄园温湿度管理

葡萄园温湿度管理相关指标参数详见表 1。

表 1　葡萄生长温湿度管理相关指标参数

项目	休眠期	升温催芽期	萌芽至开花期	果粒膨大期	果实着色至成熟期
温度	一4～7.2 ℃ 1 500 h	昼：15～20 ℃（第一周）夜：5～10 ℃；昼：15～20 ℃（第二周）夜：10～15 ℃；昼：20～25 ℃（第三周）夜：15～20 ℃	昼：20～25 ℃（第一、二周）夜：15～20 ℃；昼：25～28 ℃（第三周）夜：18～22 ℃	昼：28～30 ℃ 夜：18～22 ℃	昼：28～30 ℃ 夜：15 ℃左右
土壤相对湿度	进入休眠期灌 1 次越冬水	70%～80%	前期：70%～80% 中期：60%～70% 后期：50%～60%	70%～80%	50%～60%

7　土鸡养殖管理

7.1　育雏管理

7.1.1　育雏准备　进雏前 10 d，育雏的各种设备要经过清洗消毒处理，鸡舍要彻底打扫干净，然后用 2％火碱溶液进行地面消毒，再用高锰酸钾和福尔马林按 1：2 混合熏蒸消毒。食槽、水槽等用具刷净后用 3％的苏尔消毒。场区的检疫防疫工作要符合 GB 16549 的规定。

7.1.2　进雏时间　一般分为两个阶段，2～3 月和 9～10 月，在舍内育雏 45～60 d 后即可放入葡萄园中进行散养。

7.1.3　开饮　入舍后及时饮水，水温 30～32 ℃，水中可加入 5％的葡萄糖，电解质，增强体质，便于胎粪排除；以后饮用室温自来水。水质应符合 NY 5027—2001 的规定。

7.1.4　开食　鸡初饮 2 h 后添加饲料，饲料要多样化，保证蛋白质的数量和质量。饲料中粗纤维含量不宜超过 5％。饲料卫生标准应符合 GB 13078—2017 的规定。畜禽饲料和饲料添加剂使用应符合 NY 5032—2006 的规定。

7.1.5　温湿度控制　控制好温度是育雏的关键，1～3 d 保持 33～35 ℃，4～7 d 保持 31～34 ℃，第二周保持 29～32 ℃，第三周保持 27～30 ℃，第四周保持 24～27 ℃，第五周保持 20～25 ℃，逐渐过渡到自然温度。短时间内鸡舍温度变化不能过大，温度计校正，悬挂于距鸡活动平面 10 cm 高处。早春舍内温度控制可以采用沼气暖气加温等。一周龄内小鸡保持舍内相对湿度在 65％～70％，一周龄以后保持相对湿度在 60％～70％。

7.1.6　光照控制　前 3 d 光照昼夜连续照明，4～7 d 每天照明 20 h，以后每周缩短 10 h，直至正常日照时长。

7.1.7　空气要求　舍内要定期通风，空气质量要符合 NY/T 388—1999 的规定。

7.1.8　病害防治　做好土鸡病虫害防治，特别是雏鸡防治是保证雏鸡成活率的关键。土鸡一生中应注意的疾病种类及防控方法详见表 2。禽畜用药应符合 NY 5030—2006 中畜禽饲养兽药使用准则。

如果葡萄园鸡舍达不到育雏鸡的要求，可以另外建造一个大型育雏室，进行工厂化与信息化育雏，利用各种温控感应设备电脑信息操作。或者直接从相应育雏公司购买适宜轮放的鸡。

表 2　土鸡整个生育期疾病种类及其防控

时间	预防疾病	药品	剂量	预防方式
7 日龄	鸡新城疫（NDV），又名鸡瘟	新支二联苗	1 羽份/只	肌肉注射
10 日龄后	肠炎和呼吸道疾病	土霉素	0.01%～0.02%	饲料添加
11～12 日龄	鸡传染性法氏囊病	法氏囊疫苗	1 羽份/只	饮水接种
15～16 日龄	球虫病	球虫痢灵	0.01%	饲料添加
18 日龄	禽流感性感冒	禽流感疫苗	每只 0.3～0.5 mL	颈部皮下注射
21 日龄	鸡传染性法氏囊病	法氏囊疫苗	2 羽份/只	饮水接种
26 日龄	鸡新城疫（NDV）	新支二联苗	2 羽份/只	饮水接种
一个月后	寄生虫等	丙硫咪唑片剂	20 mg/kg	饲料添加
2～3 周后	第二次驱虫			
45 日龄	禽流感性感冒	禽流感疫苗	每只 0.5 mL	颈部皮下注射
55～60 日龄	NDV、传染病、鸡传染性法氏囊病	新，传，法氏囊疫苗	2 羽份/只	饮水接种
120 日龄	NDV、减蛋综合征、鸡传染性法氏囊病	新城疫Ⅰ系＋减蛋综合征疫苗＋法氏囊疫苗	1 羽份/只	肌肉注射
130 日龄	禽流感性感冒	禽流感灭活疫苗	1 羽份/只	肌肉注射
每隔 4～6 个月	禽流感性感冒	禽流感灭活疫苗	1 羽份/只	肌肉注射
每隔 6 个月	鸡新城疫（NDV）	新城疫Ⅰ系	1 羽份/只	肌肉注射

7.2　养鸡日常管理

7.2.1　放养技术要点　葡萄园养鸡可以防治草的过其生长，减少虫害，降低葡萄园虫害发生，显著提高经济效益。土鸡在葡萄园内分区轮放，等雏鸡长到 0.5 kg 以上方可进行轮换，轮换时要注意鸡全进全出，一周轮换一次。葡萄园要慎用除草剂等杀虫剂，用完药后一周以上再放鸡到果园中，并做好解毒准备工作。

7.2.2　鸡粪清理　在鸡舍地面铺上 5 cm 厚的碎木屑，该碎木屑相当于温床，鸡的粪便进入木屑中，可在一定程度上维持鸡舍温度稳定并除臭。一般待 1 个半月可以将鸡舍木屑轮换一次，部分木屑在一定情况下可以回收再利用。其余直接进入位于鸡舍旁边的堆粪池或沼气池，有条件的地方甚至可以在大棚和鸡舍中点沼气等来增温增光。

8　葡萄园种草管理

葡萄园套草的意义主要在于改善土壤水分分布及肥力分布，减少病虫真菌等病害发生，促进葡萄营养吸收，能够改善葡萄生长小气候，提供葡萄产品品质，同时为鸡提供食源。

葡萄园种草主要有全园撒播和条播两种。在葡萄树或葡萄间进行条播，草生的更为整齐，同时改善水肥、吸引昆虫的作用相对更加理想，从而便于鸡的采食，减少了鸡的随意践踏，故条播较撒播更为合适。留草高度建议不超过葡萄株高的一半，可通过次年适当调控牧草播种量，调控轮放周期及鸡的放养密度，或适当刈割等方式。

9　葡萄常见病虫害、缺素症状及生物物理防治

葡萄病虫害的防治是影响葡萄产量的关键因素，病虫害的防治贯穿葡萄整个生长期。在防治过程中，应尽量选取生物物理防治。以果实套袋为例，套袋时间一般在落花后 15～20 d 进行，注意根据品种穗型不同选用不同规格套袋，成熟前 10～15 d 摘掉果袋。可用的生物农药一般有 BT Ⅱ 号、BT 8010 乳剂、粉剂、灭蚜菌、1‰7051 杀虫乳油，灭幼脲及农抗 120 等。虫害较轻时，无需特别防治，在进行杀虫防治时，要防治土鸡中毒，做好隔离措施。

葡萄病死株及病死鸡应进行焚烧、深埋等无害化处理，防止病原传播。病害鸡和病害鸡肉产品生物安全处理应符合 GB 16548—2006 的规定。

葡萄常见真菌细菌病害及化学防治详见表 3。

表3　葡萄常见真菌细菌病害及化学防治

病害名称	发生部位	症状	防治方法
黑痘病	主要侵害新梢、卷须、叶片、叶柄、果实、果梗等幼嫩绿色组织	新梢感病，初期病斑呈长椭圆形，稍隆起，边缘呈紫褐色，后期病斑呈灰白色、凹陷，有时可深入木质部或髓部，龟裂，严重时整个新梢变黑枯死。幼叶发病初期，叶部出现针眼大小的红褐色至黑褐色小的病点，周围出现淡黄色晕圈。随后逐渐蔓延扩大，叶脉变窄而停止生长，使叶片皱缩畸形，直至叶片形成中央灰白色、边缘暗褐色或紫色病斑，最后导致叶片干燥，中间呈星芒状坏死。幼果感病，初期产生色黑褐色针尖大小的圆点，中间凹陷，呈"鸟眼"状；后期病斑硬化或开裂。天气潮湿时，其上常出现红白色的黏质物	种条种苗处理，田间清洁措施；萌芽期、开花前后，小幼果期等防治关键措施的使用。保护性杀菌剂、铜制剂是控制黑痘病最基础和最关键的药剂。80%波尔多液、多菌剂400～800倍液，注意现配现用；30%王铜（氧氯化铜）可湿性粉剂600～800倍液等、25%嘧菌酯悬浮剂1 500倍液、50%福美双·嘧菌酯可湿性粉剂1 500倍液等。内吸性杀菌剂：37%苯醚甲环唑水分散粒剂3 000～5 000倍液、40%氟硅唑乳油8 000倍液、80%戊唑醇可湿性粉剂6 000倍液、70%甲基硫菌灵可湿性粉剂1 000倍液等
炭疽病	主要侵害果实，也可侵染叶片、叶柄、果梗、穗轴、新梢和卷须	发病初期，葡萄果实表面上首先形成针尖大小的圆形褐色病斑，随着病原菌在葡萄果实内部的扩展，病斑逐渐增大。病斑在后期果面呈凹陷状、浅褐色，有的病斑甚至可以发展扩大到整个果面。发病后期，在病斑的表面出现同心轮纹状排列的暗黑的粉粒点。表面出现大量的暗黑的粉红色至粉红色黏液状物质。当环境湿度充足时，病斑表面会产生粉红色的黏液状物质，最后成为僵果，不易脱落。腐烂的果实逐渐脱水干枯，僵果挂在枝上脱落。葡萄果实被病菌侵染叶片，一般不易发病，属潜伏侵染；潮湿条件下，被侵叶片有的发病，一般从叶缘开始，逐渐向叶中央扩展形成椭圆形、圆形大小不等的同心轮纹褐色病斑。后期在病斑上产生红色、紫红色不发病，也属于潜伏侵染，产生深褐色至黑色的椭圆形或不规则短条状凹陷病斑，之后在病斑上可有长出粉红色团状物	发芽后到开花前，可用30%代森锰锌悬浮剂600倍液、80%福美双可湿性粉剂800倍液、80%波尔多液等性粉剂400～800倍液。套袋栽培的花后和套袋前。一般保护性杀菌剂和内吸保护性杀菌剂配合使用，使用2～3次，其中一次是保护性杀菌剂（如30%代森锌悬浮剂600倍液、50%福美双·嘧菌酯可湿性粉剂1 500倍液等）和内吸性杀菌剂（如40%氟硅唑乳油1 500倍液、22%抑霉唑水乳剂）混合使用。葡萄转色期和成熟期使用保护性杀菌剂（如50%福美双·嘧菌酯可湿性粉剂1 500倍液、30%代森锰锌悬浮剂600倍液、80%波尔多液或多菌灵600倍液等，可有效防控葡萄炭疽病

（续）

病害名称	发生部位	症状	防治方法
霜霉病	可侵染葡萄任何绿色组织,主要侵害叶片	嫩叶发病初期叶片上出现淡绿色或浅黄色的不规则斑点,随后叶片上出现明显近似圆形或多角形黄色病斑。病斑边缘不明显;之后被侵染的部位逐渐变褐,枯死;严重者,数个病斑连在一起;在病斑部位的叶背覆盖有白色霉层。花序、嫩枝、叶柄、卷须及果梗被侵染后,最初会出现颜色深浅不一的淡黄色水渍状斑点,后期变褐并且扭曲、畸形、卷曲;在潮湿或者水分的条件下病斑表面覆盖大量白色霉层;最后变褐,枯萎;最后严重的部位逐渐变褐,被侵染严重的枝叶会死亡	采用避雨栽培技术可有效地控制葡萄霜霉病的发生;通过架式选择、休眠期的清园措施等改善葡萄的生态环境,也可达到防病效果。在葡萄萌芽期喷施一次石硫合剂;兼治葡萄白粉病和毛毡病。花前、花后各用一次铜制剂。常用的铜制剂有:80%水胆矾(波尔多液或必备)可湿性粉剂施用600~800倍液、30%王铜(氧氯化铜)800~1000倍液。葡萄收获后埋土前喷施一次石硫合剂。以上药剂主要起到病菌的铲除和保护作用。葡萄幼果期及气象条件、增施水分后田间出现霜霉病时,要根据病情及气象条件,增施水多,可选用的药剂如下:25%甲霜灵、25%吡唑醚菌酯2000倍液、25%嘧菌酯水分散粒剂、50%稀酰吗啉1000倍液;也可选用精甲霜灵2500倍液(兼治白粉病)、50%烯酰吗啉水分散粒剂,喷药时应注意重点喷叶背,均匀周到。下雨后及时喷药
白粉病	叶片、果实、枝蔓、幼嫩组织较易感病	发病初期在叶片表面形成不明显的病斑,随后病斑变为灰白色。上面覆盖有灰白色的粉状物,叶背面的病组织处呈褐绿、呈暗黄色,严重时整个叶片都覆盖灰白色的粉状物,包括叶片的背面,致使叶片卷缩、枯萎。而后脱落;有时能在叶片上形成小黑点。穗轴、果梗和枝条:发病部位出现不规则的褐色病状或黑色病斑,羽纹状向外延伸,表面覆盖的灰白色粉状霉层,擦去白色粉状物,在果实的表面会分布一层稀薄的灰白色霉层或紫褐色,皮层上有褐色霉层或紫褐色的网状花纹	搞好田间卫生。清除病组织(枝条、叶片、病果粒、卷须、果梗和穗轴)并带出田间,集中处理(如高温发酵堆肥、高温处理等),以减少越冬病原菌的数量。应特别抓好以下两个关键时期:发芽前和落叶前后。常用药剂有:石硫合剂(萌芽前3~5波美度,50%福美双)于30℃时0.3波美度、70%百菌清可湿性粉剂1500倍液、2%嘧啶核苷类抗菌素水剂150倍液、1%武夷菌素水剂200~300倍液、1.8%辛菌胺醋酸盐水剂600倍液、37%苯醚甲环唑水分散粒剂3000~5000倍液等

（续）

病害名称	发生部位	症状	防治方法
褐斑病	主要是莴苣中、下部叶片	大褐斑病：发病初期，叶片上呈淡褐色、近圆形、多角形或不规则的斑点，后逐渐扩展，病斑直径可达3～10 mm，颜色由淡褐变褐，有时病斑外围具黄绿色晕圈。叶背面病斑颜色模糊、浅褐色。发病严重时，数个病斑愈合成不规则状大病斑，后期病斑组织开裂、破碎，导致叶片部分或全部变黄，提前枯死脱落。 小褐斑病：发病初期，叶片上出现黄绿色小圆斑点，呈多角形或不规则逐渐扩展为2～3 mm的圆形病斑。大小不一致，中央颜色较浅，边缘深褐，后期病斑进而变茶褐，后期叶背面的病斑处产生灰黑色霉层。发病严重时，许多小病斑融合成不规则大斑，叶片焦枯，呈火烧状。	及时清园，加强栽培管理。农药使用时期为开始出现老叶的时期，喷药要着重喷施植株下部的叶片。封穗期前后是防治褐斑病的关键时期。常用的保护性杀菌剂有25%嘧菌酯悬浮剂1 500～2 000倍液；50%福美双·嘧菌酯可湿性粉剂1 500倍液。铜制剂：波尔多液（现配，1：0.5～1：200）；80%波尔多多菌酯可湿性粉剂1 500倍液。内吸性杀菌剂：37%苯醚甲环唑8 000～分散粒剂3 000～5 000倍液，40%氟硅唑8 000倍液（不能低于8 000倍液）。 褐斑病发生普遍或具有流行风险时，可立即施用80%戊唑醇可湿性粉剂6 000倍液，隔5 d左右，再施用37%苯醚甲环唑水分散粒剂3 000倍液或40%氟硅唑乳油8 000倍液。

10 葡萄和土鸡收获及加工

葡萄采摘时间一般是 8 月至 9 月，葡萄采摘后进行相关检测。农产品农药残留量应符合 GB 2763—2014 的规定。土鸡养殖 3～5 个月后即可出售，一般通常是在 8～9 月和 3～4 月前后。鸡出售前做产地检疫，按 GB 16549—1996 执行，检疫合格方可上市，否则按 GB 16548—2006 处理。

双季稻区鸭稻共作技术

1 适用范围

本技术主要由农业部现代生态农业基地——广东珠海斗门生态园在实际生产应用中提炼而成，适用于广东双季稻生产地区，也可供我国其他水稻主产区开展鸭稻共作时参考。

2 术语和定义

鸭稻共作。又称稻鸭共作、稻鸭共育、稻鸭共生。"鸭稻共作"生态农业技术是根据生态学原理，利用动植物之间的共生互利关系，充分利用稻田中的空间、生物资源、生育期时间匹配以及鸭子的生物学特性（如杂食性和野外适应性），并运用现代生态农业技术措施，将一定数量的鸭子圈养在单元稻田里，让鸭子与水稻全天候同生共长，以鸭子代替人工为水稻防病、治虫、施肥、中耕、除草等工作，最终达到以鸭子捕食害虫而减量化或替代使用农药、以鸭子踩食杂草而减量化或替代使用除草剂、以鸭子排泄粪便作为有机肥料而减量化或替代使用化肥的目的，以构建一个互惠互利、资源充分利用的环境友好型农业生态系统。

3 产地环境条件

产地所在区域的气候条件大致要求为：积温 7 400～7 600 ℃，无霜期 305～345 d，水稻安全生长期 235～250 d。生产基地应选择空气洁净、水源清洁充足、土壤肥沃、田块平整连片、排灌方便、污染少、田埂完整（高 35 cm 以上）的稻田。应尽量远离工业"三废"排放点、城市、矿山等污染源。

4　品种选择

在鸭稻共作生产中，要求选用抗病、高产、优质、适合本地种植的、全生育期 120 d 左右的水稻品种（常规稻和杂交稻均可）；同时鸭子应选择野生性能好、杂食性强和抗病能力高，体型不宜过大的品种。

5　育秧与育（鸭）雏

5.1　育秧

根据当地气候条件适时育秧。育秧前要进行选种、种子消毒和浸种处理等过程。一般在播前 2～3 d 左右，选晴好天气，晒种 3～4 h，晒时要经常翻动，使种子干燥度一致，然后进行种子消毒、浸种和催芽处理，等水稻种子的根长到 2 mm 左右时，即可播种。可采用水田育秧，最好采用秧盘旱地育秧。最终要求培育出无病虫、12～18 cm 高的壮秧，用于鸭稻共作大田栽种。

5.2　育（鸭）雏

选择靠近水塘或水沟的地方，布置育（鸭）雏设施，包括鸭舍、鸭笼、饮水器、保温设施（塑料薄膜、保温灯、稻草等）。在水稻移栽前 1～2 d 购买 3～5 日龄的鸭苗。为了确保成活率，雏鸭买回后不要马上喂食，首先需给每一只小鸭饲喂少量红糖水，以消除孵化时的火气，过 1～2 h 后，再给雏鸭饲喂预先用水泡过的碎米。之后每天除了日常照料外，还要对雏鸭进行适水性训练，以增强雏鸭的御寒与防水能力。一般在太阳出来后，时而不时地将雏鸭赶到池塘或河沟里进行 15～20 min 的适水性训练，或直接少量喷水到小鸭身上，让雏鸭学会往自己身上涂油防水，以利于适应风吹雨打等相对恶劣的野外田间环境。

6　整地与施基肥

在水稻收获后及时翻耕稻田，深度以 15～20 cm 为宜。开春时结合施基肥，再耕一次，晒约 2 d，灌水泡田，随泡随耕，使土肥相融，耙平栽秧。

有机肥的施用数量根据稻田的肥力状况而定，肥力低的稻田可适当多施，一般每 667 m² 可施用 250～300 kg 腐熟的农家肥（如鸡粪或猪粪等）。在鸭稻共作生产中要求水稻秸秆还田。有条件的地方，在晚季水稻秋收后，冬种紫云英、油菜等绿肥植物，以提高次年的土壤肥力。

7 秧苗移栽与放鸭下田阶段

此阶段 7～10 d，主要工作包括秧苗移栽、田间围网、放鸭下田等基本操作。

7.1 秧苗移栽

采用栽插方式的，秧苗宜在 4～5 叶龄时移栽，株行距30 cm×20 cm，常规稻每穴 3～4 苗，杂交稻每穴 2～3 苗，每 667 m² 基本苗 6 万～8 万；也可按当地大田生产习惯和地力条件确定不同的合适株行距和每穴苗数。

7.2 田间围网

在抛秧后要开始立柱围网。通常围网的高度在 60～100 cm，其长度按丈量所围网单元的田埂的实际长度而定，通常每 0.33 hm² 左右作为一个围网单元。围网前，首先准备直径 5～6 cm 的竹杆或直径 6～8 cm 的木桩（长度 1.5 m 左右），适量的铁钉（长 5～6 cm）和 18# 铁线（作网、绳固定在桩柱上之用）、结实耐用的塑料网，或尼龙网、铁丝网、竹编网等（宽度在 80～100 cm，孔径大小以鸭子钻不出来为宜），以及直径 1.5～2 mm 结实耐用的塑料绳（作上下穿网拉紧之用，其长度按丈量长度的约 2 倍计算）。围网时，沿田埂每隔 3～4 m 立一根桩柱，把桩柱的一端削尖，以便打入田埂边的土壤中，然后将拉绳及塑料网依次沿田埂固定在不同的桩柱上，塑料网的上端用拉绳拉紧并固定在柱状上，塑料网垂直向下展开，其下端可用泥土或砖块压埋固定在土壤中。另外，在田块的适当位置搭建鸭群栖息棚和避雨棚，以供鸭子躲避日晒、风吹、雨打等恶劣天气。

7.3 放鸭下田

在秧苗移栽后 7 d 左右，即水稻返青后，将已经过育雏与适水训练的小鸭（7～10 日龄为宜）放入已围网的稻田中，平均每亩放鸭 15～25 只为宜，通常在每 0.33 hm² 的围网的稻田单元中放入鸭子 75～125 只。每亩放鸭的数量可根据水稻特性及其栽插规格、鸭子特性以及田间杂草、害虫状况等具体条件进行综合考虑，但放鸭过多或过少均不宜。鸭群过大，易造成对水稻的伤害及稻田饲料短缺，也不利于鸭子的生长及疫病的预防；鸭群过小，则起不到对水稻病虫草害的控制及持续改善稻田环境的作用。鸭群规模一般控制在 100 只左右。放鸭下田时间通常选择在晴天的上午 10 点左右。放鸭时，应把小鸭放在田梗上，让鸭自行下水。

8 鸭稻共作阶段

鸭稻共作阶段约 50～60 d（与放鸭的时间和不同水稻的生育期等有关），主要工作包括共作期间的田间水分管理、鸭子饲喂、水稻病虫害状况查看与综合防控、田间巡视等基本操作过程。

8.1 稻田水分管理

放鸭下田前期，田面水深要控制在 3～5 cm；之后，到水稻抽穗扬花前，随着鸭子的长大而适当加深水层，但最深不宜超过 15 cm。放鸭后一般不需排水，以防止稻田养分流失。如遇高温或干旱天气，需及时补充清洁的水分；如遇暴雨或洪涝天气，需及时排水。在稻田水分灌排时，通常需在水流出入口安置尼龙网袋或其他过滤装置，以防止福寿螺等通过灌溉水流而进入稻田，减少其暴发危害的机会。另外，要经常加强田间巡视，观察田埂是否存在漏水现象，如有应及时堵漏补缺。

8.2 鸭子饲喂

在鸭子下田的前几周，每天早晚各投喂一次适量的饲料（购买的全价鸭饲料或稻谷等）。随着鸭子的长大，逐渐增加饲料的投喂量，但每次每只不超过 65 g，目的是使鸭子保持"半饱"或"半饥饿"状态，以促使鸭子在稻田中不停地觅食杂草和害虫及其他水生生物。喂饲鸭子时，将饲料放在多个塑料盆中，置于田边，或在田埂边用砖头搭建饲料饲喂台，将饲料放于砖台上，让鸭群取食。或者在投喂时，尽量将饲料投往杂草多的田块，以引导鸭子取食和践踏这些田块的杂草。鸭子饲料的选择，根据生产者的实际情况和目标而定，可购置商品饲料，也可利用稻谷、米糠、剩饭剩菜等饲料，或在稻田周边的荒坡地种植一些牧草，以替代或补充商品饲料的投入，从而降低成本。

8.3　鸭子管理

在小鸭刚放入稻田的前期，其抵抗力较弱，易遭受伤害。特别是在华南地区早稻生长前期的3～4月，多出现连阴雨和低温天气，小鸭易遭受流感等疾病，因此，期间应多喂饲料，并可在饲料中添加少量预防药物，以增强鸭子的抵抗力。在下暴雨时，尽量引导鸭子进入避雨棚。发现有伤病的鸭子，要单独分离，加强护理。同时，要经常加强田间巡视，对稻田及其周边环境中鸭子的天敌，如蛇、老鼠、黄鼠狼、狗、猫等的情况进行调查，发现异常情况，要采取必要措施进行防控，以避免天敌动物对鸭子的直接伤害，保持鸭子的成活率。另外，要经常检查围网是否穿洞或破损，鸭群数量是否减少，要预防鸭子逃逸，确保鸭稻共作效果。

8.4　水稻病虫害防控

水稻田间主要虫害有稻纵卷叶螟、稻飞虱、叶蝉、三化螟、稻蓟马等，主要病害有稻瘟病、纹枯病、白叶枯病、细菌性条斑病和稻曲病等。因此，需根据水稻的生育期，天气状况及水稻病虫害的发生规律，适时观察水稻病虫害的发生情况，并做好虫情和病情预报。由于鸭子对稻飞虱、叶蝉、纹枯病等有较好的控效，对稻纵卷叶螟、三化螟、稻瘟病、白叶枯病等均有一定的控效。因此，在正常天气情况下和病虫害暴发较轻的年份，鸭稻共作基本可以控制水稻病虫的危害。但在异常天气或病虫害暴发较重的年份，则可通过一系列辅助防控措施，如在稻田周边安装频振式杀虫灯（如太阳能频振灯）等，或者在田间释放赤眼蜂、蜘蛛等天敌生物，或者施用一些高效的生物农药（包括植物源农药，如藜芦碱、苦参碱、印楝素等，以及生物源农药，如农用链霉素、BT 粉等）对水稻病虫害进行辅助控制。如遇到病虫害暴发成灾的时期，则可有针对性地选用一些低毒高效低残留的化学农药进行防控。农药的安全使用按GB 4285—1989、GB/T 8321.1—2001 的规定执行。禁止使用高毒、高残留化学农药。严格控制农药使用浓度及安全间隔期。农药的品种及用量可根据生产者希望生产的稻米和鸭子产品所达到无公害食品、绿色食品或有机食品的目标而定。若欲生产无公害食品和绿色食品，则可根据相关的安全食品生产标准进行限类限量使用；如果欲生产有机食品，则禁止使用任何化学农药。在鸭稻共作生产中，如果病虫害在经济危害范围之内，即使是生产无公害食品和绿色食品，一般不提倡使用化学农药，万不得已使用时，则需采取必要措施对稻田鸭子实施隔离与防护。

8.5　其他有害生物防控

鸭子对稻田中的绝大数杂草，除稗草外，均具有良好的控制作用。对于少量稗草，可采取人工拔除的方式进行。连续多年应用鸭稻共作的稻田，一般杂草很少，因而通常不需要施用除草剂。

8.6　稻田养分管理

鸭子在稻田中生长，可不断地向排放粪便，补充土壤养分，促进水稻生长。

9　赶鸭上田与水稻后期管理

该阶段 35～40 d（与不同品种的生育期密切相关），主要工作包括赶鸭上田、水稻病虫害防控、后期田间水分管理、水稻收割、赶鸭下田吃落穗等。

9.1　赶鸭上田

通常在水稻抽穗灌浆期，将鸭群赶出稻田，以防止大鸭采食稻穗。此时鸭子重量在 1.5～2.5 kg。赶上田的鸭子可以直接出售，也可以赶到周边的池塘、河沟以及荒地等场所，继续饲喂育肥一段时间后再出售。

9.2 水稻后期病虫控制

在早稻后期，主要是防治稻虱，以控制黑条矮缩病传毒媒介灰飞虱为重点，在收割前即灰飞虱迁飞前要加强防治，达到"治早稻保晚稻"，减少晚稻田间虫（毒）源。对二化螟、稻纵卷叶螟、稻螟蛉等害虫，主要是对一些迟熟嫩绿及失治田块酌情采取辅助控制技术。在晚稻后期，以防治稻飞虱为主，同时，加强对细菌性条斑病、螟虫、稻纵卷叶螟、纹枯病、穗颈瘟等的综合防治。

9.3 稻田后期水分管理

赶鸭上田后，即从水稻抽穗至成熟期，以浅水灌溉为主，实行浅-湿-干间歇灌溉的原则，从而达到以水养根，以根保叶，活秆成熟的目的。直到收获前5～7 d停止灌水，排水落干，以促进水稻成熟、提高米质，也便于机械收获。但切忌稻田脱水过早，以免影响水稻灌浆结实。经过一段时间的晒田和烤田后，可准备收获。

9.4 水稻收获

等水稻黄熟后，便可适时组织收获，可采取人力收割或机械收割方式。秸秆（堆沤）还田。

10 赶鸭下田吃落穗

如果有前期赶上田的剩余鸭子，可将其重新赶回到收割后的稻田中，让它们觅食收割时散落的稻谷，并取食稻田中后期生长的杂草等，以充分利用稻田的饲养空间和各种生物饲料资源。

海鲈鱼绿色养殖技术

1 适用范围

本技术由珠海市斗门生态基地在实际水产养殖过程中提炼而成，适用于珠海市河口区土池养殖池塘。

2 技术要点

通过优化养殖生态链上各个环节，尽可能减少污染物的产生以及排放，达到节能减排，转废为宝。

2.1　有益菌（分解者）

每周泼撒有益菌，根据天气和水质选择菌体，如乳酸菌、芽孢杆菌、光合细菌等，每次泼撒 10～20 kg；每 3～4 d 饲料中添加乳酸菌。益生菌选择利洋产品，经过发酵后使用。

2.2　鱼菜共生（植物）

在池塘下风口选择池塘 1/50 面积，培育可食用水培蔬菜空心菜或者不可食用水生植物水葫芦。每周采摘蔬菜，每月收集水葫芦，用于塘基植物堆肥。12 月后气温下降，不利于植物生长。

2.3　塘基蔬菜（植物）

在塘基远水边种植蔬菜，如油麦菜、空心菜，使用塘水浇溉，塘泥（水葫芦）作肥料。也可根据气温变化，选择其他蔬菜。

2.4　混养鱼（动物）

混养底层杂食性清道夫类型鱼类，如黄颡鱼、鲫鱼。数量为海鲈数量 1/50～1/20，一般投放时机为海鲈 10 cm 左右时或者 4～5 月，体长不能过小，防止被海鲈残食。

2.5　光照

使用非电力装置-太阳能水质仪一台，置于池塘中央。

3　生产管理

3.1　放苗前

池塘经过 15～30 d 晒塘，塘底龟裂，每 667 m² 泼撒生石灰 50～150 kg 消毒改底。80～100 目过漏网进水 80～100 cm，调水，消毒，曝气。3 d 后果酸解毒，试水投苗。

3.2　养成期

（1）进入成鱼养殖阶段后，每天定时定点定量均匀投喂。饲料转换不易过快，防治鱼体分化严重，影响鱼体整体规格。

（2）经常观察鱼塘情况，注意水质、藻相、鱼便，注意天气变化。特别是养殖后期，需要半夜巡塘，防盗防停电。

（3）保证每天的水质测定，关注藻类的变化，进行水质调节。

（4）定期清除杂草、灌木，保证天面接受最大面积的风和光照。

（5）换水不超过原水体体积 1/3。

（6）高温、暴雨等天气注意增氧。ClO_2 定期消毒以及阴雨天后消毒，消毒一般选择在阳光充足的上午。

4　注意事项

海鲈集中发病期为 5～11 月，特别是 5 月和 10 月季节转换时节；病鱼及时送检上报政府部门；禁止使用违禁渔药。

稻—鸭—肥绿色生产技术

稻鸭共作模式在长江中下游地区已推广多年，积累了丰富的理论与实践经验，在现有技术基础上，从基地品种选择、水稻育秧、移栽、鸭苗育雏、大田共作管理、鸭子捕收、水稻收获、红花草直播到收获等方面，集成长江中下游地区稻—鸭—肥绿色农业生产技术规程。

1　适用范围

本技术是农业部现代生态农业基地——安徽桐城基地在实际生产中总结提炼而成，规定了稻—鸭—肥生产技术的术语和定义、产品指标、产地环境条件、品种选择、水稻育秧和鸭苗育雏、大田共作管理、鸭子捕捉、水稻收获和红花草种植。适用于长江中下游地区单季常规稻生产区。

2　引用文件

本技术参考了下列国家标准、行业标准和地方标准，主要包括：

GB 4285—1989　农药安全使用准则

GB 9321.1—1987　农药合理使用准则

GB 8321.2—1987　农药合理使用准则

GB 8321. 3—1989　农药合理使用准则

GB 8321. 4—1993　农药合理使用准则

GB 8321. 4—1997　农药合理使用准则

GB 4285—1989　农药安全使用标准

GB/T 17891—1999　主要粮食质量标准

NY 5010—2001　无公害食品　产地环境要求

NY/T 393—2013　绿色食品　农药使用准则

NY 5027—2001　无公害食品　畜禽饮用水水质

NY 5030—2006　无公害食品　畜禽饲养兽药使用准则

NY/T 5339—2006　无公害食品　畜禽饲养兽医防疫准则

NY 5032—2006　无公害食品　畜禽饲料和饲料添加剂使用准则

DB 32/T 343. 2—1999　无公害农产品（食品）生产技术规范

DB 32/T 343. 3—1999　无公害农产品（食品）产品安全标准

DB 32/504—2002　无公害农产品　肥料要求

3　术语和定义

稻—鸭—肥模式是稻鸭共育、秋播红花草相结合进行绿色生产的一种耕作模式。其中，稻鸭共作技术是指在遵循无公害农产品生产的环境条件和技术水平的情况下，将出壳 7～10 d 的雏鸭从水稻分蘖期至抽穗期全天候放入稻田，充分利用鸭子取食的多样性、活动的长时性和粪便的增肥性，从而生产出无公害、安全、优质的食品，是一种能够有效控制常规稻作生态污染的重要技术途径。该技术具有除草、除虫、增肥、中耕浑水促进稻株综合发育、综合经济效益显著等优点，因此，可大大减少化肥、农药的用量，使稻谷达到绿色食品原料的要求，提高稻谷产量和品质，节约成本，提高种植经济效益。

4　产品指标

稻谷产量每 667 m² 600～700 kg，稻米品质达到 GB/T 17891—1999 国标三级以上，鸭子回收量每 667 m² 14～20 只，产肉鸭每

现代生态农业基地清洁生产技术指南

667 m² 20～40 kg。产品质量安全指标达到 DB 32/T 343.3—1999 要求。

5 基地与品种选择

5.1 基地选择

选择水质良好、地势平坦、成方连片、进排水方便、保水保肥性能较好的黏土或黏壤土区域实施。田埂一般应高于 30 cm 以上，埂宽 40 cm 以上区域为宜。

基地土壤质量达到 NY 5010—2001 规定的要求，灌溉水质量达到 NY 5010—2001 规定的要求，环境大气质量达到 NY 5010—2001 规定的要求。

5.2 品种选择

水稻选用的品种必须通过国家或地方审定并在当地示范成功，产量稳定、米质优（米质达到 GB/T 17891—1999 中三级米标准以上），品种株型集散适中，分蘖力强，成穗率高，熟期适中，综合抗性好，推荐使用镇稻 16。

鸭子应选用个体中小型、适应性广、抗逆性强、生活力好、活动时间长、活动量大、嗜食野生生物和肉质优良的蛋肉兼用型、蛋用型或杂交型，推荐使用高邮麻鸭或镇江役用鸭。

6 水稻生产技术

6.1 育秧技术

6.1.1 精选种子和消毒处理 播种的种子要进行晒种、风选，有条件的用比重 1.05 的盐水或泥水选种，以利于培育壮秧，然后用强氯精浸种消毒，以防治稻瘟病、纹枯病、白叶枯病等。

6.1.2 播种期与播种量 根据品种生育期长短，在 6 月 1 日至 12 日播种，常规粳稻大田每 667 m² 用种量 3～4 kg，每 667 m² 秧床播量 40～50 kg。

6.1.3 秧田管理 播前洇足底墒水，播后及时覆膜保墒，1 叶 1 心齐苗期揭膜补水，3 叶期前保持床土湿润。对于培肥不足的田块，在 2 叶 1 心期，结合浇水，每 667 m^2 用尿素 8～10 kg，用水兑成 1‰肥液进行浇施。正常秧田在 4 叶期以后，结合补水追施 1‰～2‰的尿素液，每 667 m^2 用尿素 4～5 kg。在拔秧前 1 d 每 667 m^2 秧田施用尿素 7～8 kg 作起身肥，并浇透水，以利于拔秧。

6.2 移栽技术

6.2.1 选择移栽 大田选择水源充足、水质较好、排灌方便、保水性强、无污染、地势平坦、集中连片、规模适度的稻田，以 0.20～0.33 hm^2 作为 1 个共作田块。选好的大田于移栽前 15 d 左右灌水、本田翻耕压青，待绿肥烂透后耙耖整平。

6.2.2 移（抛）栽期 当日平均温度稳定通过 15 ℃时，叶龄达到 3.5～4.0 时就可移（抛）栽。

6.2.3 移（抛）栽密度 移栽水稻秧龄 30 d，在 6 月 20 日之前完成移栽，行株距为 25 cm×30 cm，每穴 4～5 苗；机插水稻秧龄为 20 d，在 6 月 20 日之前完成栽插，行株距为 30 cm×15 cm，每穴 3～5 苗。

6.3 施肥技术

6.3.1 施肥量及施肥方法 稻鸭共作模式较非稻鸭共作的稻田施肥量可减少 5%～10%。每公顷大田每季施氮（N）120～150 kg，磷（P_2O_5）60～75 kg，钾（K_2O）120～165 kg。施肥方法以基肥为主，追肥为辅。有机肥和磷肥全部作基肥，氮肥和钾肥留总施肥量的 30%～35%作追肥，在栽（抛）后 5～7 d 和孕穗期分次施用，始穗期和灌浆初期用磷酸二氢钾或高能红钾进行叶面喷施 1～2 次，可以提高结实率，改善米质。

6.3.2 灌溉技术 移（抛）栽期保持薄水，扎根返青后浅水勤灌，水深以鸭脚刚好能踩到表土为宜，放鸭初期以 3～5 cm 水层为宜，以后随着鸭子的长大适当加深水层，以 5～8 cm 水层为宜，当苗数达计划穗数的 90%时开始晒田，可将鸭子赶到田边的河塘内过渡 3～5 d。水稻抽穗、鸭子收回后，采取浅湿灌溉，收获前 5～7 d 断水。

6.4 病虫草害防治技术

6.4.1 生物防治及物理防治 稻鸭共作期间的稻田病虫防治以鸭子的活动和捕食为主，可以每公顷安装1盏25 W的黑光灯或每4 hm² 安装1盏频振式杀虫灯，诱杀灭螟虫和稻纵卷叶螟的成虫。

6.4.2 化学防治 稻鸭共作期间或抽穗后发生稻纵卷叶螟、螟虫、稻飞虱和稻瘟病、稻曲病、纹枯病等病虫害发生量超过控制标准，可选用锐劲特等符合农药合理使用准则和DB 32/T 343.2—1999的低毒、高效、低残留的无公害化学农药有重点地进行防治。共作期间稻田喷洒农药，需将鸭子赶到附近的沟渠中暂时喂养，3～4 d后鸭子才可回田。

6.5 稻谷收获，晾晒及储藏

成熟期要抢晴收获，单收、单晒以防止污染。仓库应避光、常温、干燥，有防潮设施。秸秆、米糠等副产品应综合开发利用，提倡稻草还田、稻糠稻作，严禁焚烧污染环境。

7 鸭子饲养技术

7.1 鸭苗培育

7.1.1 准备材料和场所 按放养规模，准备育雏场所、饲料、防疫药品及搭棚、围网的材料。并在进鸭前做好育雏场所和用具的消毒工作。

7.1.2 选好品种，适时起孵 一般掌握"谷浸种，蛋起孵"，也就是鸭子从开始孵化到放入稻田相隔35～38 d。孵出的鸭苗待毛干后，在育雏场所集中进行适温育雏，1日龄的雏鸭室温为28～26 ℃，2～7日龄为26～24 ℃，8～10日龄为24～22 ℃，室内湿度65%～70%，尽早饮水喂食，用全价饲料加少量米饭饲喂，同时做好育雏场所和用具的消毒工作。

7.2 疾病防疫

雏鸭未开食前要注射雏鸭病毒性肝炎油乳疫苗，无母源抗体的1日龄雏鸭，用鸭病毒性肝炎疫苗20倍稀释，每只0.5 mL肌肉注

射，放养前再皮下注射鸭瘟疫苗，用鸭瘟弱毒苗 10 日龄首免，40
倍稀释，每只 0.2 mL 肌肉注射；50 龄 100 倍稀释 0.5 mL 肌肉注
射。蛋鸭开产前 200 倍稀释，每只肌肉注射 1 mL，从而提高抗病
能力，提高雏鸭的成活率。

7.3　适时放养，合理密度

移栽水稻于栽后 7～10 d 放鸭，以每 667 m² 为一范围，用尼龙
网或遮阳网围栏（离地高度为 0.6～0.8 m），放养 15～20 只鸭子。
田边搭个小型简易避风雨棚，便于小鸭躲风雨和喂饲，提高成
活率。

7.4　适量添饲

鸭放养初期，需要投喂适量碎米（麦）或小鸭专用饲料，2
周后，一般情况下不补充饲料；中期针对稻间草、虫等活食的减
少，而鸭子长大食量需求增加的实际情况，可以抛撒少量绿萍，
或是在傍晚给鸭子添喂稻谷等饲料，但不能用配合饲料，用量一
般随着鸭子的增大，补饲量要逐步加大，每只鸭需补饲稻谷 50～
75 g。

7.5　及时收鸭

水稻抽穗、灌浆后稻穗下垂，鸭子开始啄食谷粒，这时应结束
稻鸭共作，及时收鸭上岸，以防鸭吃稻穗。水稻收割后，再将鸭子
放入田里，让鸭子啄食落于水田中的谷子和虫子。

8　直播红花草技术

8.1　拌种与浸种

8.1.1　擦种、浸种

红花草种子外皮的蜡质层会影响发芽率，应预先集中统一放于
碾米机里过一下。在播种前 1 d 傍晚用清水（或半尿半水）浸种 1
夜，然后沥干。

8.1.2　拌种肥

每 667 m² 用钼酸铵 1 g，5～10 倍清水溶解，与沥干的种子拌
种。拌菌肥前约 2 h，把备好的番薯淀粉用少量水溶化，倒入足量

的沸水中边烧边搅拌做成稀浆糊，冷却到 30 ℃ 以下，再把根瘤菌倒入拌匀，然后与已拌有钼肥的种子拌种、接种。大约 0.5 kg 种子拌钙镁磷肥 0.5 kg，操作时可一人缓倒磷肥一人用手有序地翻拌，使每粒红花草种子都粘上足量的磷肥，拌好后切忌再翻动。

8.2 适时播种

在稻谷收割前 10～15 d 套播，使草籽播后扎根、出苗有个良好的遮阳环境，以利全苗、壮苗。

8.3 肥料运筹

根据红花草苗情适时追肥。在冬至前 10～15 d 施越冬肥，每 667 m² 施钙镁磷肥 3～5 kg、氯化钾 1～2 kg；在立春前后 10 d 可施追肥，每 667 m² 追施尿素 2～3 kg、氯化钾 1～2 kg。

8.4 化学除草

采用两次化除。第一次播种后，趁泥土湿润或雨后除草（每公顷用 50% 敌草胺 1.5 kg 加水喷雾）；第二次在 12 月中下旬用仙耙除草剂加以补除，必要时采取人工除草可基本上控制田间杂草。

8.5 适时割青翻耕

水稻栽插前 15 d 左右，在红花草进入盛花期，将其翻压入土，使土壤完全覆盖红花草植株，然后封住稻田排水口沤制，沤制时保持田面有水且最高水位不高于 1.25 cm，沤 8～10 d 即可进行常规耙田、施肥和水稻移栽。

第四章

东南地区生态农场（园区）清洁生产技术

生态农场种养废弃物联合堆肥技术

1 适用范围

本技术由农业部现代生态农业基地——宁波"四不用"农场在实际生产中总结提炼而成，规定了以生态农场（园区）范围内产生的畜禽养殖、种植废弃物为原料生产有机肥供内部使用的办法，适用于种养一体化的生态农场（园区）。

2 术语和定义

2.1 垫料
干式发酵床养殖牲畜所使用的砻糠、锯末等材料。

2.2 农作物废弃物
生态园区种植的水稻、小麦等作物的秸秆；果树修剪整形后的废弃物；蔬菜、瓜果的藤蔓枝叶。

3 技术内容

3.1 主料及要求
主要原料为产自园区生产基地的畜禽粪便及垫料，原料中不含任何人工合成的化学物质，发酵用水为基地内循环水。

3.2 辅料及要求
锯末：为外部采购，要求无霉变。

米糠：为农场种植水稻加工剩余物。

农作物废弃物：秸秆、枝条、瓜蔬残体需根据要求脱水和粉碎备用。

3.3　主、辅料配比

主料：畜禽粪便 65%。

辅料：米糠、秸秆等 25%。

土：10%。

3.4　制作材料及用量

制作 1 000 kg 发酵肥需要的材料有猪、鸡、牛、羊等畜禽粪便 600～700 kg；米糠、锯末、秸秆 200～300 kg；本地耕地土壤或山地黄土 100 kg；土著微生物原种、天惠绿汁、生鱼氨基酸、乳酸菌、汉方营养剂 500 倍液；稻草等作物秸秆。

3.5　场地准备

4 月初到 11 月末，可以在室外制作，但必须有避雨设施。12 月至翌年 3 月，宜在大棚内制作。

3.6　原、辅料预处理

3.6.1　原料预处理

（1）如果原料水分过大，必须要将其晾晒或沥干，以满足配料混合后达到配方的技术要求。

（2）如果所用原料是干原料，粒径≥2 cm 的必须粉碎以满足要求。

（3）如果干原料水分≤10% 而且硬度较大，可以将湿原料与干原料按配方比例先混合浸润 24 h 后再处理。

3.6.2　辅料预处理

（1）辅料粒径≥2 cm 的要先粉碎均匀至达生产要求。

（2）混在辅料里的硬块或金属物及长布、线条等要先清除干净。

3.7　制作方法

3.7.1　菌糠制作

用土著微生物原种 2.5 kg 加米糠 7.5 kg 均匀混合，再加水 7.0 kg，添加生鱼氨基酸、乳酸菌适量，然后均匀混合。

3.7.2　制作工艺

（1）先在地面铺上一层锯末、稻壳或稻草等，厚度 3 cm。再撒一层生粪,在上面撒上土和菌糠,同时添加烟筋粉末和动物骨粉,按这样的顺序依次反复进行,直至堆高达到 80~90 cm。要求料堆水分调节到 65%~70%,中间注意用稻草做通气孔,堆制后表面盖上稻草或杂草,防止雨水进入和水分的蒸发。

(2)大约 3 d 后,堆温可上升到 30~40 ℃。7 d 后堆温上升到 50 ℃左右时,翻堆一次。7 d 之后再翻堆一次。20~30 d 可形成白色、疏松、无臭味、带有土腥味的土著微生物发酵肥。

(3)室内制作要注意通风换气。

3.8 产品后处理

3.8.1 腐熟标志

堆温降低,物料疏松,无物料原臭味,稍有氨味,堆内产生白色菌丝。

3.8.2 物料干燥粉

将发酵完成的堆肥在发酵场地上均匀的摊开,摊晾厚度不能超过 20 cm,使物料均匀快速的晾干。

3.8.3 粉碎及筛分

当堆肥水分小于 25% 后就可以进行粉碎筛分,筛网孔径 3 mm。开启粉碎机电源至少 10 s 后才能向粉碎机中投放物料,投放物料的速度要均匀。第一次筛分的筛上物集中进行二次破碎筛分处理和二次筛分,供下次有机肥制作时使用。

保护地蔬菜蚜虫天敌控制技术

1 适用范围

本技术适用于生态农业园区的蔬菜大棚。

2 术语和定义

2.1 天敌

指自然界中某种动物专门捕食或危害另一种动物。本技术中特指蚜虫的天敌异色瓢虫、龟纹瓢虫和七星瓢虫。

2.2 轻度为害
每平方厘米叶片蚜虫 2 头以下，受害叶比率 5% 以下。
2.3 中度为害
每平方厘米叶片蚜虫 2～6 头，受害叶比率 5%～10%。
2.4 重度为害
每平方厘米叶片蚜虫 6 头以上，受害叶比率 10% 以上。

3 技术内容

3.1 天敌类型
农场现有控制蚜虫的瓢虫有 3 种：异色瓢虫、龟纹瓢虫、七星瓢虫
3.2 天敌繁殖
3.2.1 培养室
温度 15～30 ℃。
3.2.2 器具
培养皿（直径 11.5 cm，高 6.5 cm）；每个培养皿容纳 8～12 头瓢虫。
3.2.3 食物
以每头瓢虫成虫每天取食 80～120 头蚜虫准备相应的蚜虫量。
3.2.4 管理
每天早上更换培养皿，对培养皿进行清洗消毒。

4 投放时间

在春季、夏季、秋季均可投放。夏季要求在 16:00 以后投放，以便瓢虫更好适应大棚的温、湿度，提高成活率；春、秋两季全天均可投放。

5 投放数量

一般每日每个标准大棚投放 5 头左右，少量多次，并根据蚜虫密度适当调整。

轻度为害，投放 1～3 头异色瓢虫二龄幼虫，用毛笔轻轻的挑起幼虫放在有蚜虫的叶片上。

中度或重度为害，投放 5～10 头异色瓢虫二龄幼虫，用毛笔轻轻的挑起幼虫放在有蚜虫的叶片上，或将培养皿直接放在有蚜虫的叶片上，任其爬行。

6　投放方法和管理

在一个大棚内的不同部位分 3～10 个不定点投放瓢虫成虫，并每次更换投放位置，投放时将成虫逐头放在叶片底部或植株根部。不能随意在空中投放，防止瓢虫飞往大棚顶部冲撞致死，或在顶部活动，造成饥饿致死，起不到防治效果。

投放后要注意温度调控，以 20～30 ℃为最佳，温度过高或过低都会影响防控效果。

7　注意事项

龟纹瓢虫为宁波地区的优势种群，其个头较异色瓢虫、七星瓢虫略小，食量也比较小，但适应性强、繁殖速度快，可利用自然生长的虫量对露地蔬菜蚜虫进行控制。异色瓢虫个体食量较大，但需人工繁殖投放，仅限保护地防控。可采取适当方法将自然界的龟纹瓢虫引入大棚，与异色瓢虫结合防治蚜虫效果更好。

生态园区无公害黄瓜生产技术

1　适用范围

本技术了规定了生态园区无公害黄瓜生产的栽培季节、品种选择、育苗、苗期管理、定植、田间管理、采收及病虫害防治等技术，用于东南地区生态园区（农场）无公害黄瓜生产。

2　引用文件

本技术重点参考了以下国家标准和行业标准，主要包括：

GB 16715.1—1996　瓜菜作物种子　第 1 部分：瓜类

GB/T 18518—2001　黄瓜　贮藏和冷藏运输

NY 5010—2002　无公害食品　蔬菜产地环境条件

3　术语和定义

3.1　黄瓜

黄瓜是葫芦科甜瓜属中幼果具刺的栽培种，为一年生攀缘性草本植物。

3.2　农家肥料

指含有大量生物物质、动植物残体、排泄物等物质的肥料。它们不应对环境和作物产生不良影响。农家肥料在制备过程中，必须经无害化处理，以杀灭各种寄生虫卵、病原菌和杂草种子，去除有害有机酸和有害气体，达到卫生标准。主要农家肥料有堆肥、沤肥、灰肥、厩肥、沼气肥、饼肥等。

3.3　商品有机肥

以动物畜禽粪便为主要原料，通过无害化处理杀灭了有害病菌、病毒、虫卵和杂草种子，在短时间内对有机蛋白进行分解和转化，使之成为无臭味、易运输的商品肥料，其氮、磷、钾 3 种养分的含量在 4% 以上，有机质含量在 30% 以上。

4　生产要求

4.1　黄瓜产地的选择

黄瓜的产地环境质量应符合 NY/T 5010—2016 的规定，应选择生态条件良好、远离污染源和疫病区的地块。

4.2　育苗

4.2.1　春季育苗

选用早熟、丰产、优质、抗病性强的品种。种子质量应符合 GB 16715.1—2010 的规定。1 月上中旬播种。

（1）营养土配置。营养土用均过了细筛的园土和腐熟猪粪及砻糠灰，比例为 6∶2∶1，加入适量的天惠绿汁 500 倍液并充分搅拌均匀。装入 8 cm 口径的育苗钵内，装满 2/3 即可。

（2）苗床准备。苗床一般设在单栋大棚或连栋大棚内，苗床的面积应根据种植数量和育苗钵大小来确定，为便于操作，宽度不应超过 1.5 m，否则，应在苗床中设立纵向走道。将苗床整平，等距离地排上电加温线，拉直拉紧，线距为 6～8 cm，覆上一层细土或砻糠将电加温线盖没并稍加压实即可。将育苗钵排放在苗床上，播种前 1 d 反复浇水 2～3 次直到浇透，电加温线通电，苗床预热。

（3）催芽。种子用 50～55 ℃温水浸种 20 min 并搅拌，等水温降到 30 ℃后，停止搅拌，浸泡 4 h，捞出，用纱布包好，甩去过多水分，放入 28～30 ℃恒温箱中催芽 12～15 h；也可干籽直接播种。

（4）播种。播种前 1 h 在育苗钵内浇少量水，把种子平放在钵子中央，每钵 1 粒。由于出苗率及死苗等原因，可增加 10%～20% 的用种量。播完后在种子上撒一层 1.5 cm 厚的细土，不再浇水。钵子上盖一层黑地膜，四周压实。另外，苗床上还要搭小环棚，盖 2 层薄膜保温。电加温线控制在 28 ℃，2～3 d 便可齐苗。

（5）苗期管理。有 50% 以上种子破土就可以揭去黑地膜见光绿化，出苗后白天温度控制在 25～28 ℃，夜间保持在 16～20 ℃。同时注意预防苗期猝倒病。定植前 2 d 开始炼苗，夜温 10～15 ℃，昼温 20～25 ℃，使适应温度较低的大棚环境。

4.2.2　夏秋季育苗

选用耐热、丰产、优质、抗病性强、适合夏秋高温季节栽培的品种。

夏秋季于 7 月下旬开始播种，由于苗期短，可用 50 孔或 72 孔育苗盘育苗。夏季气温高，苗床应选在通风良好的大棚内，根据育苗盘数量确定苗床大小，整平即可。将营养土装盘，并摇实刮平，反复浇水直至浇透。在穴孔中央用竹筷或手指戳一小穴，平放入 1 粒种子，再盖土刮平。盖上地膜保湿，并加盖草帘或多层遮阴网防止阳光直射导致温度过高。出苗后的前 2 d 中午前后还应适当遮阴，以防幼苗灼伤。为提高幼苗成活率，宜尽早定植，苗龄 5～7 d 即可定植。

4.3 定植

4.3.1 整地做畦

(1) 大田选择。苗床选择符合黄瓜的产地环境质量要求，3 年以上未种植瓜类蔬菜，土壤肥沃，排、灌方便的土地。

(2) 整地施肥。定植前施足基肥，每 667 m² 施农家肥料 3 000～3 500 kg，三元复合肥 50 kg（N∶P₂O₅∶K₂O 为 15∶15∶15，下同）。结合耕地翻入土地。

(3) 做畦。8 m 跨度大棚做 5 畦，高畦，沟宽 30 cm，沟深 20～25 cm。整平畦面后铺滴灌、盖地膜。大棚在定植前 10～15 d 扣膜，然后关棚增温。

4.3.2 定植

(1) 春季。2 月上中旬，幼苗二叶一心时即可定植。每 667 m² 2 000 株左右。定植时，可用直径 8 cm 的打洞器打洞，便于种植。定植后立即浇一次定根水，第二天可再浇一次，随后几天不再浇水，缓苗后用滴灌带进行滴水。白天温度控制在 25～30 ℃，夜间在 15 ℃以上。如低于 8 ℃，应加盖小拱棚。

(2) 夏秋季。幼苗子叶张开后即可定植，定植宜选择下午进行，定植时大棚覆盖遮阴网，避免阳光直射。每 667 m² 2 200 株左右。定植后立即浇一次定根水，第二天可再浇一次。缓苗后用滴灌带进行滴水，并逐步去掉遮阴网。

4.4 田间管理

4.4.1 吊蔓

当黄瓜长到 4～5 片真叶时开始牵蔓。采用麻绳吊蔓，扎在子叶与第一叶间，随着瓜蔓的伸长，每节在麻绳上缠绕半圈。生长旺季每周进行 2～3 次，宜在下午操作，因上午植株蒸腾量小，水分含量高，容易被折断。

4.4.2 整枝

采用单干坐秧整枝方式，因此及早抹去侧枝，摘掉所有卷须，摘除 5 节以下的雌花，以保证植株结瓜前有足够的营养体。当植株长到生长架时及早放蔓，放蔓的量根据生长架的高度而定，一般为 0.5～1.0 m，尽量使幼瓜不接触地面。放蔓时，可将瓜蔓顺着同一方向躺在畦上，也可将瓜蔓盘在畦上。同时，将底部老叶全部摘除，改善通风，预防病害的发生。

4.4.3　肥水管理　黄瓜是喜肥作物，且根系分布较浅，吸收水分有一定的局限性，因此要经常供水。黄瓜叶面积大，蒸腾量大，需水量也就大，但也要根据植株大小和天气情况，使既能满足黄瓜生长发育的需求又节约用水。根据滴灌带的流量，在每天上下午分 2～4 次，每次 15～30 min 滴灌。开花结果时，追施 N、P、K 三元复合肥，浓度 100 mg/L，每周 3～4 次，结果盛期每周追肥5～6 次，并随时根据植株的生长情况进行调整。

5　病虫害防治

在生产期根据各阶段的病虫预测预报情况，注意观察以下病虫害的发生：霜霉病、白粉病、细菌性角斑病、疫病、菌核病、枯萎病、蚜虫、潜叶蝇、烟粉虱、茶黄螨、根结线虫等。

（1）贯彻"预防为主，综合防治"的方针，优先采用农业、物理、生物防治。

（2）苗期应重防猝倒病、立枯病，一经发现病株，立即拔除。

（3）对于其他病害，在严格控制温、湿度条件的同时，喷施土著微生物原液、天惠绿汁、果实酵素 500 倍液进行全面预防。

（4）对于潜叶蝇、烟粉虱、蚜虫等，在定植后每 667 m² 安放30 张黄板诱杀，对于蓟马则安放同等数量的蓝板。

（5）对于夜蛾类害虫，需要在设施外安放使用太阳能杀虫灯、高压频振式杀虫灯，在设施内部安放黑光灯，对成虫进行诱杀。

6　采收

结果初期每隔 3～4 d 采收一次，盛果期 1～2 d 采收一次。采收时应轻摘、轻放，采收的黄瓜应放在阴凉、通风处。

7　运输、贮藏

7.1　运输

运输工具清洁、卫生、无污染；装运时做到轻装、轻卸，严防机械损伤。在运输中严防日晒、雨淋，严禁与有毒有害物质混装。长途运输时应冷藏，可采用加冰制冷或机械制冷方法冷却到规定的温度，冷藏要求按 GB/T 18518—2001 要求执行。

7.2 贮藏

（1）黄瓜不适宜长期贮藏。若短期贮藏，最佳温度为 7～10 ℃。
（2）贮藏最佳的相对湿度为 90%～95%。
（3）库内堆码应保持气流均匀流通。

生态园区无公害马铃薯生产技术

1 适用范围

本技术规定了无公害马铃薯产地环境技术条件，肥料和其他投入品的使用原则和要求，生产管理等系列措施，适用于露地和地膜栽培。

2 引用文件

本技术重点参考了以下国家和行业标准，包括：
GB 8079—1987　粮食作物种子
NY/T 5010—2001　无公害食品　蔬菜产地环境条件

3 产地环境技术条件

产地环境质量应符合 NY 5010—2001 的规定。

4 肥料、农药使用的原则和要求

无公害马铃薯生产中使用肥料的原则和要求按照无公害蔬菜生产相关规定执行。

5 生产管理措施

5.1 品种选择

选用优质高产、适应性广、抗病性强、商品性好的脱毒马铃薯品种。如早大白、克新1号、克新4号、荷兰15等。拒绝使用转基因马铃薯品种。

5.2　精选种薯

种薯出窖后严格精选，以幼龄和壮龄块茎做种薯，淘汰薯形不规则、表皮粗糙老化及芽眼凸出、皮色暗淡等不良性状的薯块。

5.3　种薯处理

在播种前 20～25 d，将种薯堆放在湿沙中上，用棉被等物盖好，保持温度 20 ℃左右，顶芽豆粒大小时，温度降到 15 ℃，当芽长到 1 cm 时，揭开棉被，进行切块。

5.4　播前准备

（1）施肥。每 667 m² 施用腐熟有机肥 3 000～4 000 kg。

（2）整地。深耕 20 cm，耕细整平。

5.5　播种

5.5.1　播种条件　当 10 cm 地温稳定通过 5 ℃，达到 6～7 ℃即可播种。一般在当地晚霜结束前 25～30 d 为宜。

5.5.2　播种密度　一般行距 45～50 cm，株距 20～25 cm。同时，还应根据品种特性、生育期、施肥水平和气温高低等情况决定。早熟品种可适当增加密度，晚熟品种应相对稀植。

5.5.3　播种方法　按规定行距开深 13 cm 的沟，然后用耥圈轻拖，在垄中坐土 3 cm，在坐土上播芽块，播后覆土 10 cm。

5.6　田间管理

5.6.1　中耕培土　分两次进行。第一次在苗 5～6 cm 时，上土 3～4 cm；第二次在现蕾前，培土 6 cm 以上。

5.6.2　肥水管理　第一水在第一次中耕培土后进行，开花至落花后 1 周，马铃薯需水量最多，也最敏感，应保持充足的水分供应。此外，在团棵期、现蕾期可用叶面追肥。结薯后期应控制浇水，避免秧苗疯长。

6　收获及后续管理

6.1　采收

采收过程中所用工具要清洁、卫生、无污染。

6.2 分装、运输、贮存

执行无公害农产品质量标准的有关规定。

生态园区无公害豇豆生产技术

1 适用范围

本技术规定了无公害豇豆生产的产地环境条件和栽培管理措施，适用于东南农区生态园区无公害豇豆生产。

2 引用文件

本技术重点参考了以下国家和行业标准，主要包括：

GB 18406.1—2001 农产品安全质量 无公害蔬菜安全要求

NY 5010—2002 无公害食品 蔬菜产地环境条件

NY 5078—2005 无公害食品 豇豆

3 产地环境

无公害豇豆生产的产地环境应符合 GB 18407.1—2001 的规定。

4 栽培技术措施

4.1 栽培茬次

4.1.1 春季栽培 4 月末或 5 月初直播于露地，6 月下旬至 7 月上旬上市。

4.1.2 夏秋季栽培 6 月至 7 月初直播，8～9 月上市。

4.2 品种选择

选择抗病、优质、高产、商品性好、符合目标市场消费习惯的品种。

4.3 播种前的准备

4.3.1 地块选择 应选择地势高燥，排灌方便，地下水位较低，土层深厚疏松、肥沃，3 年以上未种植过豆科作物的地块。

4.3.2 整地、施基肥 根据土壤肥力和目标产量确定施肥总量。基肥以充分腐熟的菜籽饼肥为主，一般肥力地块每 667 m² 400 kg 饼肥加 50 kg 草木灰，2/3 撒施，1/3 沟施，深翻 25～30 cm，然后起 60 cm 宽的垄。

4.4 播种

4.4.1 种子处理 播种前应选择有光泽、籽粒饱满、无病斑、无虫伤、无霉变的种子，并进行 1～2 d 的晾晒，严禁曝晒。

4.4.2 播种适期的确定 早春 10 cm 土温稳定通过 10 ℃为春提早豇豆适宜播种期。在露地种植豇豆的适宜播期很长，从 4 月末到 6 月末可以随时播种。

4.4.3 播种密度 一般为 60 cm 行距，每 6 行空 1 行，穴距 33～35 cm，每穴 2～3 株；秋茬可适当密植，穴距 30～33 cm。

4.4.4 播种方法 露地豇豆宜采用干籽直播。若浸种，出苗前易烂种，若催芽，出苗前易干芽。如春旱在播种前应灌水造墒或在播种时浇底水，以利种子吸水顺利出苗。豇豆播种时切忌不要浇"明水"。

播种时开沟或开穴深 3 cm，按穴距点籽，每穴点籽 3～4 粒，覆土后适当镇压，使种子与土壤充分接触，以利种子吸水发芽。出苗后根据品种特性每穴留苗 2～3 株。

4.5 田间管理

4.5.1 间苗、补苗及中耕 豇豆在基生叶展开时要及时查田间苗、补苗，每穴留苗 2～3 株，间去多余的苗，如缺苗要进行补种或补栽。

不覆地膜的苗期要中耕 2～3 次，以利地温回升，改善土壤通透性，为豇豆根系生长创造良好条件。行间和穴间中耕可深些，近根部要浅些，以免伤根。中耕同时结合进行培垄。

4.5.2 搭架引蔓 当植株 5～6 片叶时就要及时插架，一般插成人字架或人字花架，人工引蔓上架，使植株均匀分布在架杆上。引蔓宜在晴天中午或下午进行，雨后或早晨茎蔓脆嫩易断。

4.5.3 水肥管理 根据豇豆长相和天气情况，一般在开花坐荚前以中耕保墒为主，进行适当蹲苗。土壤过于干旱或植株长势较弱，可在开花前或插架前浇一次小水，并追施提苗肥，一般每 667 m² 追施沼液 200～300 kg。第一花序坐荚后开始追肥浇水，每 667 m² 追施尿素 10～15 kg。结荚期 5～7 d 浇一水（覆盖地膜的浇水间隔期可适当延长）。高温季节采用勤浇轻浇、早晚浇水、热雨后浇清水降低地温，雨季注意防涝。每隔 1～2 次水，追施一次沼液和草木灰浸出液。在生产中不应使用未经无害化处理和重金属元素含量超标的城市垃圾、污泥和有机肥。

4.5.4　植株调整　及时整枝、抹芽、摘心可以节约养分，改善群体通风透光性能，调节秧荚平衡。主蔓第一花序以下的侧芽要及早彻底抹去，以保证主蔓粗壮。主蔓第一花序以上各节位的侧枝都应留 2～3 叶摘心，促进侧枝形成第一花序。主蔓满架后及时摘心，促进下部侧枝开花结荚。

4.5.5　采收　花后 12～15 d 是嫩荚采收适期，采收要及时，初荚期和后期一般 2～3 d 采收一次，盛荚期应每天采收。按 NY 5078—2002 标准采收上市。

4.5.6　清理田园　及时将豇豆田间的残枝、病叶、老化叶和杂草清理干净，集中进行无害化处理，保持田间清洁。

4.6　病虫害防治

主要病虫害有猝倒病、立枯病、锈病、菌核病、枯萎病、炭疽病、白粉病、蚜虫、豆荚螟、茶黄螨、红蜘蛛、潜叶蝇、白粉虱、烟粉虱。

4.6.1　农业防治

（1）选用抗病品种。针对当地主要病虫控制对象，选用高抗多抗的品种。

（2）创造适宜的生育环境条件。深沟高垄栽培，地膜覆盖，适当控制浇水，注意排出田间积水，清洁田园，做到有利于植株生长发育，避免侵染性病害发生。

（3）耕作改制。尽量实行轮作制度，如与非豆类作物 3 年以上轮作。有条件的地区应实行水旱轮作，如水稻与蔬菜轮作。

4.6.2　物理防治

（1）诱杀与驱避。垄间悬挂黄板诱杀蚜虫、白粉虱、潜叶蝇等害虫，每 667 m^2 悬挂 30～40 块黄板（25 cm×40 cm），露地栽培铺银灰地膜或悬挂银灰膜条驱避蚜虫。

（2）杀虫灯诱杀害虫。利用频振杀虫灯、黑光灯、高压汞灯、双波灯诱杀害虫。

4.6.3　生物防治

积极保护利用天敌，防治病虫害。

生态园区无公害青菜生产技术

1　适用范围

本技术由宁波天胜农牧发展有限公司在生产实践中提炼而成。本技术规定了无公害食品青菜的产地环境要求和生产管理措施，适用于东南地区生态园区中蔬菜生产。

2　引用文件

本技术重点参考了以下行业标准，主要包括：

NY 5010—2002 无公害食品　蔬菜产地环境条件

NY 5003—2008 无公害食品　白菜蔬菜

3　生产要求

3.1　品种

青菜生长迅速，直播 30 d 就采收的品种有华冠、矮抗青、四月慢、五月慢等。

3.2　育苗

单位面积苗床播种子数量，按生产计划，参考种子说明书适量播种。播后畦面要镇压，使得种子与土壤密切结合。出苗前保持土壤湿润以利出苗。齐苗后要轻浇匀浇、小苗多浇、大苗少浇，移栽或间苗前一天下午或当天上午浇透水，以利拔苗。

幼苗出土至子叶展开刚破心时施 1 次稀薄沼液，每 667 m^2 施 500～750 kg。沼液在天热时要稀，防止烧叶烧根，天凉时可适当浓施。2 片真叶时间苗，施第二次肥，以后看苗施肥。定植前 1 周不宜施肥，以防菜秧太嫩。间苗施 1～2 次，分别在 2 片真叶和 3～4 片真叶时进行。苗距 3～6 cm，拔除病苗、弱苗和过密的苗。

苗龄 30 d 左右，前期高温苗龄短，后期低温苗龄长，苗高 13～16 cm，有 4～5 片真叶时移栽。移栽前浇足水，使秧苗带土，便于定植成活。

3.3 移栽

定植前土地要求深耕、晒白、施足基肥，每 667 m^2 用有机肥 1 250～1 500 kg。施入基肥后早整畦面，一般畦宽 1.2 m（连沟），沟深 20～30 cm。

早播的用湿栽法，即在定植畦面上先浇足底水，再将苗移入，并用土压根。行株距 17 cm×17 cm；迟播的划沟栽植，行株距 20 cm×17 cm，栽植后浇好定根水，并在 3～5 d 始终保持土壤湿润，以保证活棵。

3.4 田间管理

青菜定植成活后要保持土壤干干湿湿，使根系生长状况良好，施肥与浇水相结合，活棵后施第一次追肥，过 4～5 d 施第二次肥。如遇天旱，隔 3～4 d 结合浇水追一次肥。肥水管理要看实际情况相结合。在早上或者傍晚及时开关喷滴灌溉系统。掌握好温、湿度变化。由于天气变化大，随时注意气候、气温的变化。夜间关好大棚，白天及时开启大棚。发挥设施农业的特长，提高产品的质量。

做好物理防治病虫害工作，安装好杀虫灯、性诱剂、有色黏虫板和防虫网，适时喷施有益菌除病剂。

3.5 定植后管理

在施好基肥的前提下，越冬青菜定植后应立即浇稀有机肥水压根，以确保成活率。冬前少施肥，防治组织过嫩不利越冬。不管露天和大棚内种植根据天气情况都要做好防冻工作，冬天必须保证有蔬菜上市销售。开春后气温上升，植株生长迅速，应施重肥，管理好喷滴灌工作，以提早上市，增加产量、提高质量。在这个季节，虽然病虫害比较少，也必须要做好病虫害防治工作。

3.6 田间管理

栽培要掌握以下要点：

（1）要浅栽湿栽，即先在畦面浇水，并在播种后喷浇定根水。

（2）在肥水管理上要根据夏菜秧生长期短、栽培季节天气炎热的特点，肥料应以施足基肥为主。不施追肥，经常浇水。浇水时间应在天凉、地凉、水凉的早晚进行，防止烧菜，严禁中午浇水。

（3）播种后，马上覆盖遮阴网，待出芽后，提高遮阴网高度。

（4）要做好病虫害防治工作。

4 病虫害防治

4.1 病害防治

青菜的主要病害有软腐病、霜霉病、炭疽病、白粉病等。青菜的主要虫害有黄条跳甲、青菜虫、蚜虫、金斗文夜蛾等。

4.2 虫害防治

按照预防为主、综合防治的植保方针，坚持农业防治、物理防治、生物防治为主，使用性诱剂、防虫网、杀虫灯、有色粘虫板等现在农业治手段，园区种植的蔬菜不使用农药、化肥、生长调节剂和除草剂。

5 采收

夏菜撒播后一般在 25～35 d 可分批采收，每 667 m² 1 000 kg 左右；秋菜定植后一般 70～80 d 采收为最好，每 667 m² 产量为 1 500～2 000 kg；冬菜定植后一般在 90～120 d 采收为好，每 667 m² 产量为 1 500～2 000 kg；春菜定植后一般在 90 d 左右采收为好，每 667 m² 产量为 1 500～2 000 kg，但必须在抽薹以前采收完毕，如吃菜薹的另外处置。采收时要去掉老、残、病叶，去掉泥土，轻拿轻放，做到不碰伤、不压扁、不风吹、不日晒，摆放整齐，快速送到配送中心。

第五章

西北干旱区控膜节水生产技术

玉米—土豆轮作模式下两高两控覆膜栽培技术

1　适用范围

两高两控覆膜技术是内蒙古自治区农村生态能源环保站针对该区域水资源稀缺、降水少蒸发快、作物栽培早期地温低、收获后土壤裸露扬尘污染严重等生态问题而总结提炼出的实用技术。本技术规定了一年一季旱地耕作制度中玉米—土豆轮作节水种植中要求的环境质量、生产基地建设、栽培技术、肥水管理技术、有害生物防治技术及采收要求，适用于内蒙古农牧交错带地区玉米—土豆轮作节水减肥栽培。内容主要包括起高垄、高留茬、节水、节肥、覆膜等5个关键方面。

2　引用文件

下列行业标准和地方标准是本技术的重要参考资料，主要包括：
NY/T 2383—2013　马铃薯主要病虫害防治技术规程
SL 207—1998　节水灌溉技术规范
DB 51/T 675—2007　青贮玉米栽培技术规程
DB 34/T 1601—2012　沿淮淮北玉米病虫害防治技术规程
DBN 654223/T 0027—2010　马铃薯标准化栽培技术规程

3　术语和定义

下列术语和定义适用于本技术规范。

3.1 节水栽培

以最少水量达到增加农作物产量目标的栽培技术措施。节水栽培的任务是在农作物增产、稳产的前提下探求最充分地利用天然降水和土壤蓄水，减少灌溉用水量的栽培技术措施。

3.2 减肥栽培

以农作物生长特性为依据，生产释放特性符合作物生长规律的缓控释肥，配套少量水溶性氮肥加以补充，做到肥料高效利用，从而实现减少肥料施用的栽培技术。

3.3 缓控释专用肥

结合玉米、土豆生长需肥特性而分别研制配比生产的一种肥料养分释放期较长，释放速率随玉米、土豆需肥量而发生变化，在整个生长期都可以满足玉米、土豆生长需求的肥料。

4 玉米栽培

4.1 播前准备

4.1.1 春耕 早春耙糖，并每 667 m^2 施用农家肥 1 000 kg 作为基肥（只在玉米季施用农家肥，避免有机肥在马铃薯季造成马铃薯块茎腐烂，种养殖配套数量 100 hm^2 耕地配套 500 头牛或 1 万头猪或 1 万只羊）。农家肥氮、磷、钾含量一般在（N 3%、P_2O_5 2%、K_2O 2%），施用 1 t 有机肥相当于施用 N 30 kg、P_2O_5 20 kg、K_2O 20 kg。做到地平、土碎、无根茬残膜、无坷垃、上虚下实。

4.1.2 喷洒除草剂 选择春耕后，播种前 1 周喷洒生长期封闭型除草剂。

4.1.3 品种选择 根据当地气候条件和栽培条件，选择抗旱性高的粮饲玉米品种。

4.1.4 种子准备 选择包衣种子。对未包衣种子，播前要进行机械或人工精选，剔除破粒、病斑粒、虫食粒及其他杂质，精选后的种子要达到纯度 99% 以上，净度 98%，发芽率 95% 以上，含水量不高于 14%，选择适宜当地实际的种衣剂进行包衣。

4.1.5 肥料与施肥量 根据玉米品种生长周期和需肥特性，

提前配比一种氮、磷、钾含量符合玉米生长规律的树脂包衣型缓控释复混肥料(参考配比 N：P_2O_5：K_2O＝26：10：12)。每 667 m^2 施肥量为 20 kg。

4.1.6 播种量 视品种和土壤墒情而定,土壤湿润播种量在每 667 m^2 4 kg,土壤墒情若稍干则增加播种量至每 667 m^2 5 kg。保证玉米植株密度在每 667 m^2 5 000～6 000 株。

4.1.7 地膜 选择 0.01～0.015 mm 加厚白色聚乙烯地膜,地膜宽度为 80 cm。

4.2 播种

4.2.1 播种期 一般在地表 10 cm 深度土壤温度为 8～10 ℃ 时,时间范围在 4 月 25 日至 5 月 10 日。

4.2.2 起垄 采用大垄双行种植,起垄宽度为 80 cm,起垄高度为 15 cm,畦宽为 40 cm。起垄方向为南北方向或横坡方向。

4.2.3 施肥 在宽垄中间开沟 10 cm 深,肥料采取条施,施完后覆土。

4.2.4 铺滴灌带 施肥后在宽垄中间即肥料正上方铺设滴灌带。

4.2.5 铺地膜 铺好滴灌带后,铺设地膜,压实地膜边界。

4.2.6 播种 在宽垄上呈品字型播种 2 行,玉米行距为 40 cm,分别离肥料 20 cm,株距为 10～15 cm,播种深度为 5 cm,播后覆土压实保墒。

4.2.7 机播 上述起垄到播种过程的操作也可以由起垄、施肥、铺滴灌带、铺地膜、播种一体机一次性完成。

4.3 田间管理

4.3.1 出苗、选苗、定苗 地膜覆盖要及时放苗,检查玉米苗是否被地膜遮盖,防止烧苗。3～5 叶期间苗定苗,去弱苗留壮苗,如果发现缺苗,可就近留双株。

4.3.2 中耕 在玉米进入小喇叭口期时,中耕一次,起到除草、培土等作用。

4.3.3 适时滴灌 观天、看地、查苗情,适时滴灌,避免玉米叶片缺水卷曲。滴灌原则为"少量多次"，滴灌浸湿深度为 20～30 cm，一般每次浇水量为每 667 m² 20～30 m³。

4.3.4　水溶追肥　观察叶片颜色，颜色由绿色转为黄绿色时，需要追施氮肥，施用水溶性氮肥如尿素，溶入灌溉水中随滴灌入土。追肥原则少量多次，每次追施氮肥（N）量为每 667 m² 0.5～1 kg。一般水溶追肥 3～4 次。

4.3.5　病虫害防治　参考 DB 34/T 1601—2012，多选择物理防治，可用粘虫板、黑光灯或杀虫灯诱杀虫害。

4.4　收获

4.4.1　收获时期

可根据玉米行情和养殖需求而定，可选择全部青储收获。全青储收获适宜在乳熟末期至蜡熟初期收获，这时植株的营养物质积累达到高峰期，植株含水量在 68％左右适于青贮。也可选择粮饲兼用，适宜在蜡熟中后期收获，可以最大限度地减少干物质和能量的损失。

4.4.2　收获方式

采用留高茬方式，按青储方式收或按粮饲玉米收，均留茬30～40 cm。收获完后保留地膜，待来年春耕前揭膜。

5　土豆栽培

5.1　整地

5.1.1　根茬粉碎

前茬作物为玉米，开春化雪土壤解冻 10 cm 时，揭开地膜，采用切割机将玉米茬切碎翻入土壤中。

5.1.2　播前整地

做到地平、土碎、无根茬残膜、无坷垃、上虚下实。整地时按每 667 m² 用 40％辛硫磷乳油 800～1 000 g 进行土壤处理，以防治金针虫、地老虎、蛴螬等地下害虫。杂草发生严重的地块，播前可用草甘膦异丙胺盐、嗪草酮等防治杂草。

5.2 播前准备

5.2.1 选种

根据当地种植环境要求选择种薯品种，品种有紫花白、克新1号、大西洋、夏波蒂等。

5.2.2 晒种催芽

种薯在播种前 15 d 左右出窖，将选好的薯块放在 14~16 ℃的室内，3~5 d 翻一次，10 d 左右萌芽后再精选一次，经日晒 5~7 d 切块待播。

5.2.3 种薯切块

每个薯块切成 50 g 左右，从顶端纵切每块 2~3 个芽眼，切种时用两把刀、一把放于高锰酸钾水溶液中，遇到病薯时换刀再切，切好的薯块用草木灰拌种，既有种肥作用，又有防病作用。

5.2.4 小整薯播种

用 30~50 g 的小整薯播种，具有抗旱、防病、提高出苗率的综合效果。

5.2.5 地膜

选择 0.01~0.015 mm 加厚白色聚乙烯地膜，地膜宽度为 80 cm。

5.2.6 肥料

根据马铃薯生长特性配比一种氮、磷、钾适合的树脂包衣型缓控释复混肥料作为种肥（参考配比 $N：P_2O_5：K_2O=15：15：15$），每 667 m^2 施肥量为 20 kg。

5.3 播种

5.3.1 播种期
一般在地表 10 cm 深度土壤温度为 8~10 ℃时，时间范围在 4 月 20 日至 5 月 10 日。

5.3.2 起垄
采用大垄双行种植，起垄宽度为 80 cm，高度为 15 cm，垄沟宽 40 cm。起垄方向为南北方向或横坡方向。

5.3.3 施肥
在宽垄中间开沟 10 cm 深，肥料采取条施，施完后覆土。

5.3.4 铺滴灌带
施肥后在宽垄中间即肥料正上方铺设滴

灌带。

5.3.5　铺地膜　铺好滴灌带后,铺设地膜,压实地膜边界。

5.3.6　播种　在宽垄上呈品字型播种两行,种薯行距为 40 cm,分别离肥料 20 cm,株距为 30 cm,播种株数在每 667 m² 5 000 株左右,播种深度根据土质和土壤墒情来确定,在干旱和土质疏松的地块为 10～12 cm,在潮湿和土壤黏重的地块为 7～8 cm 为宜。

5.3.7　机播　上述操作也可由起垄、施肥、铺滴灌带、铺地膜、播种一体机一次性完成。

5.4　田间管理

马铃薯生长期间管理的重点是:前期中耕除草、追肥、培土;后期注意排涝、防治病虫害。

5.4.1　中耕培土　由于马铃薯出苗所需时间较长,易形成土壤板结和杂草丛生,苗齐后(3～4 叶期)中耕一次,第二次中耕在苗高 10～15 cm 时进行,并培土。

5.4.2　适时滴灌　马铃薯生长过程中采用滴灌保持土壤水分,土壤相对含水量一般保持在 70%～80%,淀粉积累期保持在 55%～65%。滴灌原则为"少量多次",确保水分湿润土壤深度为 20～30 cm。每次滴灌水量为每 667 m² 20～30 m³。

5.4.3　水溶追肥　马铃薯生长过程中,根据马铃薯叶片颜色判断追肥,颜色由绿色转为黄绿色时,需要追施氮肥,施用水溶性氮肥如尿素,溶入灌溉水中随滴灌入土。追肥原则"少量多次",每次追施氮肥(N)量为每 667 m² 1 kg。生育期中追肥次数为 3～5 次。

5.4.4　病虫害防治　虫害防治多使用物理防治,采用杀虫灯等。晚疫病防治,发现中心病株应及时拔除,并进行全田喷药,一般用 25%瑞毒霉(甲霜灵)可湿性粉剂 500 倍液、58%瑞毒霉·锰锌 500～600 倍液或 60%甲霜铝铜(瑞毒铜)700 倍液均可,7～10 d 喷一次,连续喷 2～3 次,以上药物交替使用效果更好。

5.5 收获

收获期应在植株大部分茎叶变黄枯萎时进行。在收获前 5～7 d，若早霜还没来临，要用磙子或采取其他机械方法将蔓压死，待植株完全枯死后，块茎停止增重，表皮形成较厚的木栓层时收获。收获时间 9 月 25 日至 10 月 10 日。收获前先将马铃薯藤蔓打碎还田，然后回收地膜，最后收获马铃薯。

5.6 地表压实

收获后将土壤地表压实，抑制扬尘、扬沙。

6 其他

若同一园区土豆、玉米配套种植，土豆、玉米种植区域需要有明显分界。

玉米—玉米地膜覆盖一膜两用生产技术

该技术是在甘肃省金昌市在实际生产中总结提炼而成，技术实施周期为 2 年，即地膜覆盖一次，实现两季玉米生产，提升地膜的利用率，可显著降低农田白色污染。

一、第一年玉米栽培技术

1 播前准备

1.1 地块选择及整地

玉米—玉米"一膜两用"高产栽培宜选择在地势平坦、耕层深厚、土壤疏松、肥力中上的地块栽培，土壤团粒结构好，蓄水能力强，土层较厚，前茬以豆类、马铃薯、小麦等为佳。秋季深翻25～30 cm，灌溉冬水。

1.2 施肥

全生育期每 667 m^2 施入氮（N）26～28 kg（折尿素 56～60 kg）、磷（P_2O_5）13～14 kg、（折磷酸二铵 21～32 kg）、钾（K_2O）6～

8 kg（折硫酸钾 12～16 kg）、锌（ZnSO₄）1.5～2.0 kg，或根据测土结果进行配方施肥，化学肥料中氮肥 2/3 作为基肥，1/3 作为追肥，基肥结合春耕施入或在起垄时集中施入垄底，每 667 m² 施入优质农家肥 3 000～5 000 kg。

1.3　土壤消毒

地下害虫严重的地块，整地起垄时每 667 m² 用 40%辛硫磷乳油 0.5 kg 加细沙土 30 kg，拌成毒土撒施，或兑水 50 kg 喷施。每喷完一垄覆盖后再喷下一垄，以提高药效。禾本科杂草危害严重的地块，整地起垄后用 50%乙草胺乳油 100 g 兑水 50 kg 全地面喷雾，然后覆盖地膜。

2　起垄

3 月中下旬，及时覆膜保墒增温，一般于播种前 15～25 d 起垄覆膜同时进行（即早春顶凌覆膜）。视地块走向，一般南北走向起垄，按符合玉米增产规律的"宽窄行"即宽行 60～70 cm、窄行 40 cm 起垄或按 50 cm 行距等距离开沟起垄，沟深 20 cm 左右。较大地块用起垄覆膜一体机，根据沟距起垄。不便于机械操作的小地块，用步犁机人工开沟起垄。

3　覆膜

用厚度 0.008 mm、宽 1 400 mm 的地膜，每膜覆盖 2 垄。两膜在相邻垄沟内对接（起垄覆膜一体机覆膜时两膜在宽垄上对接），重叠 5 cm 以上，确保对接严密，每隔 2～3 m 横压土腰带。覆膜 1 周左右后，地膜与地面贴紧时，在垄沟内每隔 50 cm 处打一直径 3 mm 的渗水孔以便降水入渗。

4　播种

4.1　选用良种

结合当地的自然条件和气候特征，选择株型紧凑、抗逆、抗病性强、适应性广、品质优良、增产潜力大的杂交玉米品种。

4.2 种子处理

目前，市场销售的玉米种子虽然都为包衣种子，但对于病虫害发生严重的地块，播前仍需进行药剂拌种。用50%辛硫磷乳油按种子重量的0.1%～0.2%拌种，防治地下害虫；用20%粉锈宁粉剂或70%甲基硫菌灵乳油150 g加水1.5～2.5 kg，拌种50 kg，防治瘤黑粉病等病害。

4.3 适期播种

一般在4月中下旬起垄覆膜30 d左右播种。采用滚筒式手推玉米播种机按28～30 cm的株距将种子破膜播在垄沟内，每穴下籽2～3粒，播深3～5 cm，播后沟内覆土自动将种子覆盖，随即按压播种孔使种子与土壤紧密结合，防止吊苗、粉籽现象发生，防止播种孔大量散墒和遇雨板结影响出苗。

5 田间管理

5.1 及时放苗

覆膜玉米从播种到出苗需10～15 d，在幼苗第一片叶展开后应及时放苗，三至四叶期间苗，四至五叶期定苗，每穴留壮苗1株。

5.2 灌水

灌水掌握在拔节期、大喇叭口期、抽雄期、灌浆期、乳熟期5个时期。一般在6月上中旬开始灌头水，全生育期灌5水。每次灌水定额每667 m² 40～50 m³。

5.3 灌水方法

垄上种植玉米灌水深度不得超过沟深的2/3，膜侧栽培的水深应漫过播种穴。

5.4 合理追肥

全生育期结合灌水追施氮肥2～3次，追肥以前轻、中重、后补为原则。当玉米进入拔节期时，结合灌头水进行第一次追肥，每667 m² 追纯氮8 kg。追肥方法是在两株中间穴施覆土。当玉米进入大喇叭口期，进行第二次追肥，每667 m² 追纯氮10 kg。到玉米灌浆期，根据玉米长势，可适当追肥，每 667 m² 追施纯氮一般不超过 3 kg。

6　病虫害防治

6.1　物理防治

选用抗病品种，采取氮、磷、钾配方施肥，合理密植，清洁田埂，合理用水等农艺措施，减轻病虫的危害。

6.2　药剂防治

6.2.1　防虫　防治地下害虫，播种时每公顷用 50％辛硫磷乳油 15 kg 与盖种土拌匀盖种。防治玉米红蜘蛛，在早期螨源扩散时选用 45％阿维吡可湿性粉剂 600 倍液，或用 73％克螨特 750 mL/hm² 交替防治。7 月中旬若发现玉米上有红蜘蛛，可选用 10％天王星乳油 3 000 倍液，或 20％双甲脒乳油 1 000 倍液，或 50％溴螨酯乳油 1 000 倍液防治。蚜虫防治，可用吡虫啉类药物防治。药剂防治应符合无公害生产要求，禁用高毒高残留农药，收获前 15 d 内禁用杀虫剂类农药。

6.2.2　防病　用种子重量 0.50％的 15％粉锈宁可湿性粉剂拌种防治丝黑穗病等玉米病害。玉米生育期间，加强玉米螟、红蜘蛛、丝黑穗病等病虫害防治。

7　适时收获

当玉米苞叶变黄、籽粒变硬、有光泽时进行收获。

8　玉米后茬地膜保护与秋浇

覆膜玉米收获时用镰刀收割秸秆，而不要清除根茬，也不要清除薄膜和耕翻土地。收割时要避免划破薄膜，尽可能减少车轮碾压，尽最大限度地保护好薄膜，收获后要浇好秋水，针对覆膜玉米不耕翻土地和薄膜阻隔过水快、吸水少的特点，要适当慢浇、深浇，浇足秋水，确保秋浇质量和来年土壤墒情。在玉米收获后直到冬春播种前这段漫长的时间中，要尽可能保护好薄膜，主要是防止牲畜特别是羊群在整个冬春季节对薄膜的践踏和损坏。

二、第二年玉米栽培技术

9 播种准备

播前1周将秸秆外运，扫净残留茎叶，用土封好地膜破损处。4月中旬与上年播种行和株距错开10 cm，打孔点播，操作方法同上年。

10 合理灌水施肥

灌水施肥是玉米全膜覆盖"一膜两年用"栽培取得高产的重要措施。施肥最佳时期应为拨节期和大喇叭口期。基肥以化肥为主，一般每667 m² 施磷肥30 kg、尿素20 kg、硫酸钾20 kg，用追肥枪施在玉米根茬附近。磷肥在前期一次性施入；氮、钾肥前期占施肥量的2/3，大喇叭口期占1/3。头水在苗期轻灌一次苗水，并每667 m² 随水追施氮（N）7～12 kg，磷（P_2O_5）6～10 kg，钾（K_2O）8～10 kg，锌（$ZnSO_4$）2 kg，大喇叭口期重灌一次水，每667 m² 灌水量达80 m³ 左右，并随水追施氮（N）4～6 kg，钾（K_2O）3～5 kg。

11 田间管理

均同上年，并在各生育时期喷施云大—120、4％磷酸二氢钾等植物生长调节剂和叶面肥。

12 适时收获

玉米苞叶干黄松散、雌穗自然下垂后收获。

13 收获后管理

及时清除秸秆，拾净废膜，打磟整地。

玉米—葵花地膜覆盖
一膜两用生产技术

该技术由甘肃省金昌市金川区环保站在生产实际中总结而成，技术实施周期为 2 年，即地膜覆盖一次，实现玉米—葵花两季生产，减少地膜使用量，提升地膜利用率。

一、第一年玉米栽培技术

操作方法同玉米—玉米地膜覆盖"一膜两用"中玉米生产技术。

二、第二年葵花栽培技术

1　准备播种

秋玉米成熟后用镰刀收获植株，之后不耕翻土地，不清除根茬和地膜，10 月下旬浇秋水保墒。收获时和冬闲季节要保护好地膜，来年播种时要清理膜上杂物。葵花播种前 1 周用除草剂进行地表灭草，5 月中旬播种葵花。播种时不带种肥，按 40 cm 株距在玉米茬的株间膜上用人工点播器点种，播后浅覆土。

2　施肥浇水

葵花追肥一般分两次，6 月中下旬现蕾期结合浇头水每 667 m² 追施尿素 20 kg，开花期再追 10 kg。此外，在葵花生长期还可喷施磷酸二氢钾、高美施、喷施宝等植物生长调节剂，增产效果显著，水后中耕除草一次。

葵花属比较耐旱的作物，浇水次数不需太多，一般在 6 月上旬葵花现蕾时浇头水，开花初期浇二水，开花盛期浇三水，灌浆期浇四水，整个生育期浇水 4 次即可，后期灌水应注意防风，以免倒伏。

3 田间管理

3.1 查苗补苗、间苗定苗

葵花播种后一般 10 d 左右出苗，出苗后及时查苗补缺，补苗时需用原种，出苗后 10～15 d，要及时间苗定苗，达到"一尺一窝，一窝一株"。

3.2 中耕除草

苗期应及时中耕提温，松土保墒，减轻返碱，在株高 30 cm 左右时，要进行除草，并根据情况适时灌水。

3.3 引蜂授粉

葵花是异株异花授粉作物，主要靠昆虫类传粉，因此葵花田附近应引蜂授粉，每 667 m² 地至少需一箱蜂，若没有蜂群，采用人工辅助授粉，方法是在开花期将相邻两个葵花头对拍即可，也可用小木板粘上海绵（或棉花）拍触开花花盘。人工授粉应在早晨露水刚干至 11:00 以前为好，应间隔 2～3 d 进行一次，共进行 3 次左右即可。

4 病虫害防治

4.1 虫害防治

4.1.1 苗期虫害防治 葵花苗期虫害主要有甜菜象甲、地老虎、金龟甲、潜叶蝇等，主要啃食嫩芽、咬断小苗、侵食茎叶，造成幼苗损坏死亡。其主要防治办法一是用辛硫磷、敌敌畏或甲基异柳磷等进行喷杀；二是利用黑光灯、糖醋液等进行诱杀成虫或捕杀幼虫；三是每 667 m² 用甲基异柳磷 150 mL，随灌水滴入进行防治。

4.1.2 生长成熟期虫害防治 生长成熟期虫害主要有向日葵螟、桃蛀螟、蚜虫等，主要蛀食葵花籽粒、花盘、叶片，造成葵花严重减产，直接影响品质，防治时可用 90％晶体敌百虫 1 000 倍液或 50％杀螟松乳油 1 000 倍液或 2.5％溴氰菊酯乳油 1 500 倍液喷洒。

4.2 病害防治

4.2.1 苗期霜霉病 表现为葵花有 2～3 对真叶时出现正面叶脉褪绿、斑块，背面出现白色绒线状霉层，节缩、株矮、茎变粗。可用甲霜灵进行防治，也可用阿维菌素防治。

4.2.2 菌核病 又称盘腐病、烂头病，连作不倒茬更容易发生。防治办法：一是农艺措施，包括适期早播，与禾本科作物轮作倒茬（3 年以上），清除病株，烧毁深埋；二是药物防治，花期发病用 40%菌核净 1 000 倍液或 50%多菌灵 1 000 倍液喷洒 1～2 次。

4.2.3 锈病 可用 75%三唑酮 500 倍液喷洒防治。

5 适时收获

葵花成熟时的植株特征表现为：茎秆变黄，上部叶片变成黄绿色，下部叶片枯黄下垂，花盘背面变成褐色，舌状花朵干枯脱落，苞叶黄枯，种皮变硬，种仁里没有过多水分，此时收获最为理想。

6 后续管理

及时清除秸秆，拾净废膜，打糖整地。

红辣椒—小麦地膜覆盖一膜两用生产技术

该技术由甘肃省金昌市金川区环保站在实际应用中总结而成，技术实施周期为 2 年，即地膜覆盖一次，实现红辣椒—小麦两季生产，提升地膜的利用率，减少白色污染。

一、第一年美国红辣椒栽培技术

1 选地倒茬

应选择土层深厚，富含有机质，且渗水快、通透性好，2～3 年未种植茄科作物的地块，前茬以小麦、瓜类、玉米作物为好，避免重茬或迎茬。

2 整地施肥

辣椒的根系浅而弱，根系再生能力差，为了促进根系的发育，保证植株有旺盛的营养生长，辣椒地块要精细耙糖，适墒镇压，施足基肥。每 667 m² 施优质农家肥 5 t，磷酸二铵 20 kg，尿素 15～20 kg，硫酸钾 10～15 kg 做基肥，并做到地平地绵，上虚下实。

3 适时播种

4 月上旬即可播种，每 667 m² 用种 0.8 kg，一幅膜种 3 行，行距 50 cm，株距 20 cm。辣椒幼苗顶土能力弱，播种不宜过深，覆土不宜太多，播深 1.5 cm，每穴播种约 10 粒，然后用细沙封穴，播后浇水等待出苗。

4 药剂除草

覆膜前喷施地乐胺防除杂草，每 667 m² 用 40％地乐胺乳油 100 mL，兑水 40 kg 均匀喷洒地面，喷药后立即覆膜播种。

5 田间管理

辣椒的特性有喜温、喜水、喜肥的一面，同时又有不抗高温、不耐浓肥和最忌水涝的一面。根据辣椒的生长规律及特性，进行细致的田间管理，幼苗期要促根发秧，盛果期要促秧攻果，后期要保秧增收。

5.1 间苗、定苗

辣椒出苗后，用细沙土封好穴孔，防止倒伏和穴孔水分过快散失。4～5 片真叶及时间苗定苗，除去病弱苗，否则稠密徒长，植株分枝少，现蕾结果少，影响产量。每穴留苗 2 株，并进行根际培土防止高温日灼。

5.2 肥水管理

辣椒开花前控制肥水，以促进生殖生长，但不能狠蹲苗。现蕾初期（打花苞）每 667 m² 施复合肥 8 kg，促秧发根搭好丰产的架子；幼果期（门椒定个），营养生长与生殖生长同时进行，每 667 m² 施尿素 8 kg；初花期以后至盛花期（对椒、四母斗期）进入开花结果期，对产量影响较大，每 667 m² 施尿素 10 kg、硫酸钾 5 kg；盛果期（八面风时期）每 667 m² 施尿素 6 kg，硫酸钾 4 kg。浇水要浅浇、勤灌，6 月中旬辣椒现蕾初期浇头水，全生育期灌水 5～6 次。小畦浅灌比大水漫灌地温高、土壤疏松，有利于发根、提早封垄，同时有利于降低高温季节的地温，保持土壤水分，控制病害发生。

6　病虫害防治

辣椒主要病害有疫病和炭疽病，虫害主要是地下害虫和蚜虫、白粉虱等。辣椒疫病是常发性病害之一，危害严重。发病后，严格控制浇水，待叶片在白天有轻度萎蔫现象时再进行浇水，可抑制病害发生。同时结合头水灌溉每 667 m² 冲施硫酸铜 2～3 kg，出现中心病株时，用 50% 瑞毒铜 250 倍液灌根。

7　收获晾晒

辣椒长至 10 月初，充分成熟后可一次性采摘，也可分二次采摘。采摘后剔除病果、烂果、花皮果，挑选后的辣椒应晾晒到干燥、高洁的沙滩地上，晾晒的辣椒严防晚秋雨雪淋袭和早霜冻。晾晒厚度以不发霉、不发热、易干少翻动为原则。

8　辣椒后茬地膜保护与秋浇

操作方法同玉米—玉米"一膜两用"中相应技术。

二、第二年小麦栽培技术

9　播前清膜

播种前时要及时清理膜上杂物，并提前 1 周用除草剂进行地表灭草。

10 播种

10.1 选择良种

选用品质优良、单株生产力高、抗逆性强、经济系数高、不早衰的良种，有利于实现千斤以上的产量目标。

10.2 种子处理

播种前要进行药剂拌种防治病虫害，选用 3% 苯醚甲环唑（敌委丹）200 倍液拌种，用于防治小麦腥黑穗病，防治地下害虫可用甲拌磷或辛硫磷按种子量的 1.5% 拌种。或直接选用包衣种子。

10.3 适期适量播种

适宜播期在 3 月中下旬，播种时不带种肥，按 20 cm 行距在辣椒茬的行间膜上用人工点播器点种，每膜种 4 行，播深为 4～5 cm，播后浅覆土，每 667 m² 播种量 25～30 kg。

11 田间管理

11.1 灌水

小麦全生育期灌水 3～5 次，第一次灌水在 3～4 叶时进行，以后每隔 20～25 d 灌水一次，收获前 15 d 停止灌水。

11.2 追肥

苗期视苗情，结合灌水每 667 m² 追施尿素 5 kg，灌浆期每 667 m² 用磷酸二氢钾 150 g 加尿素 300 g，兑水 50 kg，叶面喷雾 1～2 次。

11.3 麦田杂草防除

防除杂草主要实行农业措施和人工拔除，特别严重的地块进行化学除草。防除野燕麦草用 36% 禾草灵乳油 130～180 mL，兑水 30 kg，在燕麦草 3～5 叶时叶面喷施。防除双子叶（阔叶）杂草，用 72% 的 2，4-滴丁酯乳油 50～75 g 兑水 25～30 kg，在小麦 3～4 叶时喷雾。

11.4 病虫害综合防治

小麦病虫害防治以农业措施和生物防治为主，通过选用抗病品种、轮作倒茬、控制群体、改善田间通风透光条件等措施控制病虫害的发生。病虫害严重的地块合理使用化学防治。小麦条锈病可采用15％三唑酮可湿性粉剂1 000倍液喷雾防治。当百株小麦蚜虫达到500头以上时，每667 m² 用50％抗蚜威可湿性粉剂5～10 g兑水30 kg喷雾防治。

12　及时收获

一般在7月上中旬小麦基本成熟，整个麦田2/3的麦穗发黄时收割，小麦蜡熟末期是最佳收获期。但小麦不可过于成熟，以免籽粒脱落而减少收成。

13　清洁田园

收获结束后，及时清除田间残枝病叶、杂草，集中做无害化处理。

娃娃菜—小麦—玉米地膜覆盖一膜三用生产技术

该技术由甘肃省金昌市金川区在实际生产中总结提炼而成，技术实施周期为3年，即地膜覆盖一次，实现娃娃菜—小麦—玉米三季生产，实现一次铺膜多次利用，降低土壤污染。

一、第一年复种娃娃菜栽培技术

1　整地与施肥

小麦收获后，及时清理地块，娃娃菜因生育期较短，要注重基肥的使用，秋季复种栽培时应掌握前控后促，基肥可比春季少。一般每667 m² 施复合肥50 kg、硫酸钾15～20 kg。深翻耙平，选用厚0.008 mm、宽1 400 mm的地膜，做1～1.2 m宽的小高垄或平畦。

2 播种定植

2.1 品种选择

适宜当地种植的品种有春玉皇、小黄龙、金皇后、介实金杯等。

2.2 播种时间

播种时间为 7 月 20～25 日，最迟不超过 7 月 30 日。

2.3 播种量、播种密度

娃娃菜因其个体小、生产中看中数量，故多采取密植。一般每 667 m² 用种量 100～150 g，采用直播方式省时、省工。一般每膜种植 4 行，株行距均为 25 cm，穴播，每穴点 2～3 粒种子，播后覆盖 1.5～2 cm 沙土，每 667 m² 播种密度 8 000～10 000 株。

3 田间管理

3.1 间苗定苗

直播的娃娃菜在幼苗长出 2～3 片真叶时进行第一次间苗，每穴留 2～3 株。秧苗 4～5 片叶时结合中耕进行定苗，每穴留 1 株。发现缺苗要及时补栽（可在播种时在空闲地育苗，以备补苗）。

3.2 中耕除草

结合间定苗进行中耕除草、疏松土壤，以增进土壤透气性，促幼苗扎根，防止草欺苗。

3.3 肥水管理

3.3.1 追肥 定苗后，每 667 m² 追施尿素 10 kg，在莲座期和结球期，可结合病虫防治，根外喷施追肥叶面宝或磷酸二氢钾。

3.3.2 灌水 要保持土壤湿润，视土壤墒情，一般在娃娃菜生育期浇水 5 次，收获前 7～10 d 停止浇水。

3.4 病虫害防治

3.4.1 病害

（1）霜霉病。发病初期，采用 70％乙铝·锰锌可湿性粉剂 500 倍液或 72％霜脲·锰锌可湿性粉剂 600 倍液、55％福烯酰可湿性粉剂 700 倍液喷雾防治，每隔 7～10 d 防一次，连续 2～3 次。

（2）软腐病。始发期用 72% 农用链霉素可湿性粉剂 3 000～4 000倍液，或新植霉素 3 000 倍液，每隔 10 d 喷 1 次，连续 2～3 次。

（3）干烧心。在娃娃菜苗期、莲座期或包心前期喷洒 0.7% 硫酸锰，或喷洒大白菜干烧心防治丰 3 次。

3.4.2　虫害

（1）菜青虫。虫害发生期喷洒 1.8% 阿维菌素乳油 4 000 倍液、2.5% 三氟氯氰菊酯 700～800 倍液，或 15% 茚虫威悬浮剂 3 000 倍液，采收前 7 d 停止用药。

（2）蚜虫。虫害发生期，喷洒 50% 抗蚜威可湿性粉剂 1 000 倍液、或 10% 吡虫啉可湿性粉剂 1 500 倍液、5% 吡·丁乳油 1 500 倍液，采收前 15 d 停止用药。

4　采收

采收前 7 d 左右停止灌水，以免造成烂根。当株高 30 cm 左右、包球紧实后，便可采收。采收时用刀紧贴地表，从基部铲除，剥去外层叶后包装待售。

5　后茬地膜保护与秋灌

操作方法同玉米—玉米"一膜两用"中相应措施。

二、第二年小麦栽培技术

操作方法同红辣椒—小麦"一膜两用"中小麦生产技术。

三、第三年玉米栽培技术

操作方法同玉米—玉米"一膜两用"中玉米生产技术。

第六章

黄淮海集约化农区 农田清洁生产技术

小麦—玉米农田沼渣沼液施用技术

1 适用范围

本技术是河南安阳现代生态农业基地总结提炼而成，规定了小麦玉米栽培中沼渣、沼液全程利用中的贮存、用量、方式、注意事项等内容，适用于我国华北地区小麦玉米规模化种植区，沼渣、沼液农田利用部分或全部替代化肥利用，是种养一体化生态循环农业建设的重要组成部分。

2 引用文件

本技术参考了下列国家或行业标准，主要包括：

GB 18596—2017　畜禽养殖业污染物排放标准

GB 5084—2005　农田灌溉水质标准

GB 7959—2012　粪便无害化卫生标准

GB 8978—1996　污水综合排放标准

GB/T 50363—2006　节水灌溉工程技术规范

HJ 497—2009　畜禽养殖业污染治理工程技术规范

NY/T 496—2010　肥料合理使用准则 通则

NY/T 1334—2007　畜禽粪便安全使用准则

NY 525—2012　有机肥料

NY/T 1168—2006　畜禽粪便无害化处理技术规范

NY/T 2065—2011　沼肥施用技术规范

NY/T 2065—2011　沼渣、沼液施用技术规范

3　术语和定义

3.1　沼肥 biogas digested residue

畜禽粪便生产废弃物在厌氧条件经微生物发酵制取沼气后用作肥料的残留物。主要由沼渣和沼液两部分组成。

3.2　沼渣 digested sludge

畜禽粪便生产废弃物经沼气发酵后制取的固形物。

3.3　沼液 digested effluent

畜禽粪便生产废弃物经沼气发酵后制取的液体。

3.4　发酵时间 fermentation time

沼气发酵装置正常启动制取沼气至取用沼肥的时间。

3.5　总养分 total nutrient content

沼渣、沼液中全氮、全磷（P_2O_5）和全钾（K_2O）含量之和，通常以质量百分数计。

3.6　主要污染物 main pollutants

沼肥中含有常见的重金属、病原菌、寄生虫卵等有害物质。

3.7　总固体含量 total solids，TS

指沼气池投料后料液中含有总溶解固体量和总悬浮固体量之和，以质量百分数表示。

4　农田利用沼渣、沼液质量技术要求

（1）沼肥在沼气池中常温厌氧发酵时间在一个月以上，投料浓度 TS=6%～10%。

（2）沼肥的颜色为棕褐色或黑色。

（3）沼肥养分及主要污染物含量应符合表1要求。

5　沼渣、沼液的运输

（1）沼渣、沼液的运输应由专业车辆来承担，防止跑冒滴漏、

沿途遗撒现象的发生。

（2）沼液运输车辆应为罐车，配备上下水装置及容积计量装置。

表 1　沼肥养分及主要污染物含量技术要求

名称	水分含量	pH	总养分含量	有机质含量
沼渣	60%～80%	6.8～8.0	≥3.0%（干基）	≥30%（干基）
沼液	96%～99%	6.8～8.0	≥0.2%（鲜基）	—
备注	沼肥重金属允许范围指标应符合 NY 525—2002 中 5.8 规定的要求；沼肥的卫生指标应符合 GB 7959—1987 中表 2 规定的要求。			

6　沼渣、沼液的贮存

（1）沼渣的贮存应符合 NY/T 1220.1—2006 第 11.2 条的规定，贮存设施应符合 HJ 497—2009 第 6.1.2 条的规定。

（2）非灌溉季节沼液的贮存，应设置专门的贮存设施，可以设贮存池、贮存罐等，贮存设施应符合 NY/T 1220.1—2006 第 10.3 条的规定。

（3）沼液田间贮存罐、贮存池体积，根据区域内农田单次可承载沼液量进行设计，和一个机井的灌溉面积相配套，如灌溉面积 3.33 hm²，每亩单次用沼液量 5 000 kg，则沼液田间贮存罐、贮存池最大体积为 25 t 为宜；如 3 d 完成整个灌溉施肥工作，也可按单日用量进行设计，则田间贮存罐、贮存池体积可设计为 8 t 左右。田间贮存设施应配套计量装置，沼液贮存和灌溉施肥时均应精准计量。

7　沼渣、沼液的田间利用

（1）沼肥的小麦玉米农田利用应符合养分种养平衡的基本原则。

（2）沼肥的农田利用量应以作物需肥量为依据。

（3）沼渣每年施用一次，玉米秋收后、小麦种植前用作基肥，翻耕，撒粪机施 5 000～8 000 kg，优先在流转土地施用，统一进行，单元面积在 3.33 hm² 以上。

（4）沼液的施用，小麦季在返青期、拔节期，玉米季在大喇叭口期，每次用量每 667 m² 5 000～8 000 kg，用水稀释 5～8 倍后，随水灌溉施肥。沼液施用中不得将农田当作沼液倾倒地，杜绝过量施用，单次沼液最大施用量不得超过每亩 2 t。小麦玉米生长后期不得施用沼液，避免作物贪青完熟。

（5）小麦季施用沼液，拟采用喷灌、沟灌施肥；玉米季施用沼液，拟采用沟灌施肥。

（6）沼液的田间利用，优先使用田间贮存池或贮存罐内沼液，不足部分或田间无贮存池或贮存罐的，可由沼液运输车运至田间地头直接配水施用。

8　注意事项

（1）沼液田间贮存池、罐应做好安全防范措施。预留通风口，避免沼液后发酵过程气体滞留；贮存设施周边应有隔离，避免无关人员靠近而导致失足落池或甲烷中毒等安全事故的发生。

（2）沼液田间贮存设施应有覆盖措施或装备，避免雨水进入而产生溢流现象。

（3）沼液可以与化肥结合施用，拟将化肥在田间贮存设施内溶解后，结合灌溉进行水肥一体化应用。化肥带入的养分量与沼液养分量应一并进行养分平衡计算，避免一次施肥量过大和施肥溶液浓度过高，单次每 667 m² 施氮量不得超过 10 kg，施肥溶液浓度不得高于电导率 5 mS/cm。

谷子生态轻简栽培技术

1　适用范围

本技术由农业部现代生态农业基地——河南安阳基地总结而成，规定了谷子生态轻简栽培中生态条件、水肥管理、耕地、播种、收获等基本内容，适用于我国华北地区谷子生产地进行生态轻简栽培。可以针对玉米主产区适度推进谷子规模化标准化生产，避免单一种植，增加生态多样性，促进多年轮作，减少水肥消耗，提升种植效益。

2 引用文件

本技术参考下列国家或行业标准。下列标准所包含的条文，通过在本技术中引用而构成为本技术的内容。

GB 4285—1989 农药安全使用标准

GB/T 8321.1—2000～GB/T 8321.9—2009 农药合理使用准则

NY/T 496—2010 肥料合理使用准则通则

3 栽培条件

（1）谷子耐寒、耐旱、怕涝，宜选择地势较高、排水方便、土层深厚、质地松软的肥沃壤土或沙壤土，不宜在低洼和积水地块种植。

（2）谷子忌连作，宜生茬地或轮作种植，小麦、玉米、薯类等茬口均可，但以豆茬和薯类茬口较宜。轮作一般 3～4 年。

（3）为促进生态轻简栽培，谷子栽培土地应集中连片，按 3.33～6.67 hm² 为一个单元，配套土壤耕作、施肥、除草、喷药飞防、收获等机械，谷子与周边土地作物实现差异化空间布局、条带化间作。

4 整地播种

4.1 整地

（1）谷子籽粒细小，发芽顶土能力弱，必须精耕细耙。

（2）春播开春解冻后及早浅耕耙耢，精细整地，保护土壤水分。夏播地麦收后及时整地。

4.2 播前准备

选择适宜当地品种，如豫谷、冀谷系列皆可。播前进行种子精选、晾晒、药剂拌种等工作。选种，播前用清水洗种 3～5 次，漂出秕谷和草籽，提高种子发芽率。晾晒，播前一周将谷种在太阳下晒 $2\sim3\,d$，以杀死病菌，减少病源并提高种子发芽率和发芽势。进行室内发芽试验，发芽率$\geqslant85\%$可以作为生产种子。

4.3　播种

（1）选用小粒播种机，先行试播，调整播量至每 $667\,m^2\;0.4\,kg$，在田间行走 $10\,m$，每一个楼腿接一塑料袋，用便携天平进行称量，计算下种量，校正至接近每 $667\,m^2\;0.4\,kg$ 为止。行距 $50\,cm$，两台播种机间隙进行定距 $50\,cm$，便于后期进行机械耕作管理。

（2）犁、耙足墒下种，保证一播全苗。

5　生长期管理

5.1　苗期管理

间定苗，除草，以三叶期间苗、五叶定苗原则，播后及时检查出苗情况，人工去除苗间杂草，待 $5\,cm$ 高时，进行机械除草，三周后再进行一次中耕。苗情调查以 $45\sim70$ 株/米即可，折合每 $667\,m^2$ 留苗 6 万～9.3 万株，在此范围不影响产量，除有大块密集外，可以不进行人工定苗，可以大大节省间定苗工作量。

5.2　生长期管理

在拔节前，进行一次中耕，可以达到除草、保墒、培土效果，为丰收打下基础，根据田间生长情况，适时打药，预防锈病和虫害发生。

5.3　灌浆后期管理

应着重加强鸟害防治，在田间布置废弃光盘、彩带、反光风车和高音喇叭进行驱赶，每 $0.2\sim0.33\,hm^2$ 设一个驱赶点。灌浆后期至收获期间的 2 周左右，每天早、晚安排专人在田间巡查，适时燃放驱鸟鞭炮。严禁使用枪械、毒药、麻醉剂杀害鸟类，保持生态平衡。

6　水肥调控

6.1　底肥

每 $667\,m^2$ 施农家肥或沼渣 $5\,000\,kg$，复合肥 30 kg（N∶P∶K

＝18：9：18）做基肥。

6.2 追肥

拔节时，追施尿素每 667 m² 15 kg 或沼液，促进后期发育。或者推荐施用沼液肥料。

6.3 灌溉

自然栽培，做好土壤耕作管理，无需额外灌溉。如果需要施用沼液肥料，每 667 m² 地用量 3 000～5 000 kg，用水稀释 5～8 倍后喷灌。

7 病虫害生态防控

7.1 种子处理

药剂拌种。可用 50％辛硫磷乳液闷种以防地下害虫，药：水：种比例为 1：（40～50）：（500～600），防治白发病、黑穗病可用 20％萎秀灵乳剂或 20％三唑酮乳剂按种子量的 0.3％～0.5％拌种。

7.2 虫害防治

用每克含活孢子数为 100 亿以上的菌粉配成 1 000～1 500 倍液加入用水量千分之一的湿润剂（如肥皂粉、洗衣粉、菜枯粉等）茎叶喷雾，可防治粘虫、粟灰螟、玉米螟等。

7.3 防白粉病

用 25％甲霜灵可湿性粉剂按干籽重量的 0.3％拌种。

7.4 防黑穗病

用 40％拌种双可湿性粉剂按种子重量的 0.3％拌种。

8 适期收获

待谷穗变黄，灌浆基本结束，下部叶片衰竭籽粒由绿转黄时，及时进行机收，适时收割时间一周，过晚收割会造成植株倒伏增加，粮食损失加大，增加人工投入。收割机械许多品牌可供选择，水稻、小麦收割机械更换筛片后可以收割谷子，可用的有福田、佳联、久保田等机型。田间损失小于 3％，每台收割机的工作效率每天 6 hm²。

收获后秸秆就地晾晒作为草食动物优质饲草，干燥后及时进行收贮，也可在机收结束及时回收，进行青贮，可以最大限度保持养分，减少养分损失。

9　贮藏保管

谷子机收效率高，节省人力，水分偏高，需要进行晾晒，条件许可时进行硬化晒场摊晾，建议以烘干机进行烘干，以烘干机工作量进行收割，随收随烘，不可积压，新收籽粒水分高，籽粒呼吸旺盛，极易发热和霉变，不可堆积，以防小米品质下降。籽粒水分下降到13%时可以入库保管。

北方集约化农田小麦—玉米清洁生产技术

1　适用范围

本技术是农业部生态农业基地——山东齐河基地在生产实际中总结而成，规定集约化农区小麦—玉米清洁生产技术实施所适宜的生产条件、品种类型及所适用的栽培技术，适用于山东省，其他生态条件相似的地区（如黄淮海小麦—玉米产区）也可参照应用。

2　引用文件

本技术重点参考以下国家标准、行业标准和地方标准，主要包括：

GB 1351—2008　小麦

GB 1353—1999　玉米

GB 4404.1—2008　粮食作物种子　禾谷类

GB 15618—2008　土壤环境质量标准

GB 3095—2012　环境空气质量标准

GB 5084—2005　农田灌溉水质标准

GB/T 4285—1989　农药安全使用标准

GB/T 8321.1—2000～GB/T 8321.9—2009　农药合理使用

准则
　　NY/T 496—2010　肥料合理使用准则　通则
　　DB 37/T 283—2000　农业机械做业务质量　机械耕整地标准
　　DB 37/T 284—2000　农业机械做业务质量　机械播种标准
　　DB 37/T 285—2000　农业机械做业务质量　谷物机械收获标准

3　术语和定义

3.1　集约化农区
指把一定数量的劳动力和生产资料，集中投入较少的土地上，采用集约化种植和经营的农业生产区。

3.2　清洁生产技术
指一种相对的技术。清洁指较生产同类产品的技术污染物的产生量更小，污染物毒性更小。由于清洁生产技术绝大部分都是对原有生产过程的改变，所以清洁生产技术指对原生产技术进行改变后，使得污染产生量和毒性降低甚至消除的技术。

4　生产条件

选择在集中连片、基础条件好、综合生产能力强的基本农田，以适宜种植规模化、生产机械化、农业科技化、信息化、服务社会化为前提，以统一农资供应、统一农技服务、统一农机耕为支撑，在种、肥、水、机、防等方面应用清洁生产技术来实现小麦—玉米高产高效、资源节约、环境友好、生态安全的可持续生产。

5　技术模式及配套技术

5.1　农田生物多样性利用和生态景观构建技术
在农业管理中使用生态系统的方法，设计增加农田异质景观，利用生物多样性，实现生态系统高效管理，实现农田的气候调节、水源涵养、土壤形成与保护、废物处理、生物多样性维持等生态功能。

5.1.1　增加农田异质景观　利用生物多样性，增加农田异质景观。实行玉米与花生、大豆、谷子、高粱等作物插花种植，农田四周种植食葵，增加异质生境。

5.1.2　玉米与大豆间作技术　结合当地种植模式，实行玉米与大豆间作种植。选择中早熟抗性好高产稳产出籽率高的优良玉米品种和大豆品种，选用符合国标一级的优质种子。确保一播全苗，达到苗齐苗匀苗全苗壮四苗要求。

采用具体种植模式：2 行玉米间作 4 行大豆，玉米行距 50 cm 左右，穴距 30 cm，一穴双株，每 667 m² 留苗 3 200 株（1 600 穴）左右。玉米与大豆间行距 40 cm。大豆行距 40 cm，穴距 20 cm，一穴双株，每 667 m² 留苗 1.4 万株（7 000 穴）左右。

5.1.3　玉米与绿肥轮作技术　实行玉米与二月兰、紫云英、紫花苜蓿、毛苕子等优质绿肥作物轮作种植，绿肥替代一季的小麦。

5.1.4　品种间作技术　利用作物遗传的多样性，选择不同抗性优势互补的小麦或玉米品种实行间作。条带比以 3∶7 为宜。

5.1.5　生态廊道的构建　在农田排水沟渠种植攀爬能力强，易于覆盖沟渠的五叶地锦和护坡草，在河道底部沿边向里 1 m 宽，种植路易斯安娜鸢尾、香蒲、水葱、再力花、水芹、荷花、睡莲、狐尾藻等水生植物，起到净化水体和美化农田沟渠环境作用，为农田生物提供良好的栖息繁衍场所，增加生态多样性。

5.1.6　田间道路及路边赏花带建设　农田耕作道路全部水泥路硬化，方便现代机械操作，在道路旁边设 1 m 的绿化带，采用高矮搭配原则，花、灌木与地被植物交叉种植，农田畦畔种植油葵、格桑花等各种蜜源植物，使其在田成方的高标准粮食产区内实现四季有景与集约化小麦、玉米规模化种植景观相得益彰，打造现代生态农业新景观。

5.1.7　农田林网的建设　示范区内 33.33 hm² 为一个林网，在田块两侧及沟渠两边种上速生杨，整个示范区形成了沟渠路林相连的格局，有效地降低风速，减轻倒春寒、霜冻、沙尘暴和干热风等灾害性天气对农业的危害，美化环境，改善农田生态环境，增加农田景观。通过农田景观总体规划的逐步实施，实现"田成方、林成网、渠相连、路相通、地力肥、水流清、鸟成群、景如画"的生态格局。

5.2 农田土壤保水固碳培肥技术

5.2.1 深耕深松技术 利用深松机、联合整地机或多功能深耕种肥联合作业机，动力要求 80.9 kW 四驱以上，耕作深度在 25 cm 以上。深松后土质上实下松，提高土壤固碳潜力和土壤涵养水分养分能力，增加土壤水肥持续均衡的供应能力。

5.2.2 秸秆粉碎还田技术

（1）小麦秸秆粉碎还田技术。小麦成熟时使用自走式联合收割机将小麦秸秆切碎均匀抛洒覆盖还田，秸秆长度小于 10 cm。

（2）玉米秸秆粉碎还田技术。在玉米成熟后，使用大马力玉米联合收割机（有条件地区可使用玉米机械收获籽粒机），边收获玉米，边将玉米秸秆粉碎，抛撒均匀覆盖地表，秸秆粉碎长度小于 5 cm。每 667 m^2 4 kg 有机物料腐熟剂与适量潮湿的细沙土混匀后均匀撒在玉米秸秆上，通过机械耕翻将秸秆翻埋入土。每 667 m^2 增施 5 kg 尿素调节碳氮比，以解决微生物与麦苗争氮的问题。

（3）耕作整地。通过机械耕翻作业，将粉碎的玉米秸秆、有机物料腐熟剂和尿素等肥料与表层土壤充分混合，耙实保墒。玉米病株在翻埋前进行杀菌处理。在秸秆翻入土壤后，需浇水调节土壤含水量，保持适宜的湿度，达到快速腐解的目的。

5.2.3 有机无机配施技术 玉米秸秆粉碎直接还田是土壤有机碳源有效补给的重要措施，每 667 m^2 增施商品有机肥 200 kg，测土配方施肥以高磷配方肥作为小麦基肥，年后起身拔节期氮钾复合肥作为追肥，灌浆期结合"一喷三防"叶面喷施磷酸二氢钾。

5.3 化肥替代与减施增效技术

5.3.1 农田养分调控技术 采用秸秆粉碎直接还田＋有机物料腐熟剂＋测土配方施肥综合技术。小麦收获时用自走式联合收割机，小麦秸秆切碎长度小于 10 cm，均匀抛洒覆盖还田；玉米收获时使用大功率联合收割机将秸秆切碎长度小于 5 cm，均匀抛洒覆盖还田，在秸秆表面每 667 m² 撒施 4 kg 有机物料腐熟剂。

（1）增施氮肥调节碳氮比。秸秆粉碎后，在秸秆表面每亩撒施尿素 5～7.5 kg，然后耕翻。

（2）增施有机肥。每亩增施商品有机肥 200 kg，培肥地力，提高土壤有机质含量。

5.3.2　精准施肥装备　采用农机农艺相结合，开展小麦种肥同播技术、玉米三位一体施肥技术，简化农事操作，减少成本投入，提高生产效益和投入品的利用率，减轻农业面源污染，实现农业节本增效。

5.3.3　缓控释肥应用技术　将缓控释肥与测土配方施肥相结合，选择与推荐配方相近的肥料配方，能更有效地利用土壤养分，减少缓控释肥料用量，提高肥料利用率，降低施肥成本。使用"种肥同播"技术，即在作物播种时一次性将缓控释肥施下去，解决了农民朋友对作物需肥用量把握不准的问题，同时又省工、省时、省力。

施肥方法：小麦使用种肥同播机械按照推荐的专用包膜控释肥施每 667 m² 40 kg 一次性种肥同播，生长期内不再追肥。玉米使用三位一体单粒播种机械按照推荐的专用控释肥每 667 m² 40 kg 一次性开沟基施于种子侧部 8～10 cm，注意种肥隔离，以免烧种。

5.3.4　水肥一体化技术

实施水肥一体化技术是借助压力灌溉系统，将水溶性固体肥料或液体肥料配兑成的肥液与灌溉水一起，通过可控管道系统供水，使水肥相溶后的灌溉水均匀、定时、定量浸润作物根系发育区域，使主要根系区土壤始终保持疏松和适宜含水状态，同时，根据不同作物的需肥特点、土壤环境状况、不同生长期需水情况进行全生育期需求设计，把水分和养分定量、定时、按比例直接提供给作物。

（1）喷灌施肥系统的安装。喷灌设施由水源、首部枢纽、输配水管道、喷水器四部分组成。首部选择精准喷肥系统及筛网式过滤器，田间管网，根据地块长度确定。

（2）灌水定额的确定。每 667 m² 灌水总定额约为 60 m³，每次灌水 20 m³，平均每年灌水 3 次。

（3）施肥制度的确定。根据农作物不同时期的需求、地块的肥力水平、目标产量，确定农作物全生育期施肥总量。

（4）配套技术。选用优良品种及高水平的田间管理技术，施用水溶肥，充分发挥节水节肥的优势，达到提高产量、改善品质、绿色环保、增加效益的目的。

5.4 作物高产栽培与节水技术

5.4.1 小麦种肥同播技术

（1）选择品种。选择分蘖能力强、成穗率高的小麦品种。播种前要对种子进行精选处理，种子的净度不低于 98%，纯度不低于 97%，发芽率 95% 以上。选种后进行药物拌种、浸种或包衣等处理，以防病虫害发生。

（2）播种量。播种量要根据所选品种的分蘖成穗率及种子发芽率，以及不同的土质条件和播种时间，确定合理的播量。播种机各行的播量要一致，在播幅范围内落籽要分散均匀，无漏播重播现象。

（3）播种深度。控制播种深度，注重镇压效果。播种深度一般应控制在播种沟镇压后种子离土表 3～5 cm，深浅要一致，镇压要密实。

（4）适墒播种。播种前一定要察看墒情，做到适墒播种。

（5）基肥施用。基肥选择颗粒状的复合肥、复混肥或缓释肥，播施量每 667 m² 35 kg 左右，施肥深度要在种子侧下方 5 cm，肥料与种子不在同一垂直平面内。

5.4.2 节水灌溉技术

（1）引黄干渠清淤，桥涵闸沟改造，确保引黄灌溉面积及灌溉保证率。

（2）深水机井与移动管道配套。每 3.33 hm² 一眼机电井，用电刷卡就能出水，增加农田有效灌溉面积。使用移动管道水龙带，减少输水损失，提高水资源利用率。

（3）节水喷灌技术。改大水漫灌和畦灌为节水喷灌．

5.4.3　机械收获脱粒技术

（1）小麦收获脱粒使用自走式小麦联合收割机。

① 小麦蜡熟末期适时收获。蜡熟末期的长相为植株叶片枯黄，茎秆尚有弹性，籽粒颜色接近本品种固有光泽，此时，千粒重最高。采用带秸秆切碎和抛撒功能的小麦联合收割机收获，麦秆切碎长度小于等于 10 cm，切断长度合格率大于等于 95%，抛洒均匀率大于等于 80%，漏切率小于等于 1.5%。

② 收割机作业速度。在通常情况下，采用Ⅱ档作业；当小麦稠密、植株大、产量高时，可采用Ⅰ档作业。在早晚有雾露时小麦秸秆潮湿，速度应低些；中午前后，小麦秸秆干燥，速度可高些。

③ 收割机割台高度。为有利于割后耕作和播种作业，割茬应尽量低，这也是收割倒伏小麦、减少切穗、漏穗的重要措施，但割台高度最低不得小于 6 cm，以免切割泥土，加速切割器磨损。根据作业质量标准收要求，割茬最高不得超过 15 cm。

④ 收割机行走路线。为便于左侧卸粮减少空行，多采取顺时针向心回转收割。对倒伏小麦，应逆向或侧向收割，以减少小麦收割损失。

（2）玉米机械收获脱粒技术

① 选用中早熟、脱水快的玉米品种如登海 618、登海 605 等。

② 适时晚收。要在玉米籽粒乳线基本消失、基部黑层出现时收获。一般在 10 月 4～6 日用联合收割机收获。收获时籽粒水分低于 26% 的玉米地块，可以采用玉米籽粒联合收割机收获。

5.4.4　高产优质品种

（1）小麦品种选择高产稳产、优质广适、分蘖成穗率高的济麦22、良星 77、鲁原 502 等。种子要包衣，纯度不低于 99%，净度不低于 98%，发芽率不低于 85% 的良种。

（2）玉米品种选择生育期适宜、耐密抗倒、高产稳产的登海605、郑单 958 等。种子要包衣，纯度 99%、净度 98%、发芽率95% 以上，适合单粒精准播种。

5.4.5 小麦宽幅精量播种技术

（1）小麦宽幅精播机播种。"扩大行距，增大播幅，健壮个体，提高产量"。扩大行距，就是改传统小行距（15～20 cm）密集条播为等行距（22～26 cm）宽幅播种，宽幅播种籽粒分散均匀，扩大小麦单株营养面积，有利于植株根系发达，苗蘖健壮，个体素质高，群体质量好，提高植株的抗逆性。扩大播幅，就是改传统密集条播籽粒拥挤一条线为宽播幅（8 cm）种子分散式粒播，有利于种子分布均匀，解决缺苗断垄、疙瘩苗现象，克服传统播种机密集条播造成的籽粒拥挤，争肥、争水、争营养，根少苗弱的生长状况。

（2）播种行距。小麦宽幅播种机播种行距宽，采取前二后四形楼腿，解决了因秸秆还田造成的播种不匀等现象，小麦播种后形成波浪形沟垄，有利于小雨变中雨，中雨变大雨，集雨蓄水，墒足根多苗壮，增根防倒，确保麦苗安全越冬。

（3）镇压。小麦宽幅精播机后带镇压轮，压实土壤，防止透风失墒，确保出苗均匀，生长整齐。

（4）降低播量。个体发育健壮，群体生长合理，无效分蘖少，两极分化快，麦脚干净利索；地下与地上，个体与群体发育协调，同步生长，增强根系生长活力，充实茎秆坚韧度，改善田间小气候，加强田间通风透光，降低田间温度，提高营养物质向籽粒运输能力；单株分蘖多，成穗率高，绿叶面积大，功能时间长，延缓小麦后期整株衰老，落黄好；由于小麦宽幅精播健壮个体，有利于大穗型品种多成穗，多穗型品种成大穗，增加亩穗数，最终实现高产。

（5）足墒适期播种。高产麦田最适播期应为 10 月 7～15 日，播种量为 7～9 kg/667 m²，行距为 22～26 cm。重视耕耙时撒施毒饵治虫或药剂拌种防虫，确保苗全苗壮。

5.4.6 玉米抢茬单粒播种技术

（1）品种选择与种子处理。选择生育期适宜、耐密抗倒、高产稳产的玉米品种登海 605、郑单 958 等。种子要包衣，纯度 99%、净度 98%、发芽率 95% 以上，适合单粒精准播种。

（2）播种时期。前茬小麦收获后，贴茬抢时尽早播种，力争 6 月 13 日播完。播种同时进行播种沟镇压，若土壤墒情不足，播后及时补浇蒙头水。

（3）播种方式及密度。采用单粒精量播种机进行免耕贴茬精量播种，宽垄密植，平均行距 60 cm，平均株距 23 cm，每 667 m² 保苗 4 800 株左右，保证实收株数 4 500 株/667 m² 左右，播深 3～5 cm。做到深浅一致、行距一致、覆土一致、镇压一致，防止漏播或重播。

（4）种肥同播。在播种的同时，将 20 kg 磷酸二铵和 1 kg 硫酸锌混匀后耩施在种子的侧面（种、肥水平间隔 10 cm）。

（5）化学除草。播后苗前，土壤墒情适宜时或浇完蒙头水后，用 40％乙·阿合剂或 50％乙草胺，兑水后进行封闭除草。

5.4.7　环境调控壮苗培育技术

（1）小麦

① 小麦壮苗标准。基本苗每 667 m² 18 万株左右，越冬总茎数 100 万个左右，平均单株分蘖 5.7 个，三叶以上大蘖 3.1 个，单株次生根 6.8 条。培育壮苗，保证冬小麦安全越冬，增强抵御低温、冻害和干旱的能力。

② 品种要求。选用高产、稳产、抗倒伏能力强的优良小麦品种济麦 22、良星 66 等。种子纯度要达到 98％以上，发芽率在 95％以上。统一用专用种衣剂包衣。

③ 培肥地力。培肥地力的中心环节是提高土壤有机质含量，其基本措施是增加有机肥的投入，小麦、玉米秸秆机械化粉碎还田的同时，增施优质商品有机肥，持续均衡地供给作物养分，保证小麦生长期间不脱肥、不早衰，正常成熟。

④ 肥料选择及使用。种肥同播肥料选用小麦控释肥，氮磷钾含量为 28∶14∶6 用于秸秆还田地块，氮磷钾含量为 25∶14∶6 用于非秸秆还田地块，每 667 m² 用量 40 kg。肥料施用应符合 NY/T 496—2010 的要求（下同）。

⑤ 精细整地。玉米秸秆还田后，施足基肥，先用深耕犁深耕

一遍，再用旋耕犁旋耕两遍，使表层土与秸秆混匀，然后再细耙两遍。整地质量达到"深、细、透、平、实"的标准。

⑥ 播种技术。以播种至越冬期 0 ℃以上积温 600～650 ℃为宜。山东省适宜播种期是 10 月 3～15 日。适宜范围内冬性品种早播，半冬性品种晚播；胶东和鲁北地区早播，鲁南地区晚播。在适宜播种期内，每 667 m² 基本苗 12 万～18 万株。在此范围内，高产田宜少，中产田宜多。晚于适宜播种期播种，每晚播 2 d，每 667 m² 增加基本苗 1 万～2 万株，播量大约每 667 m² 增加 0.5 kg 左右。

播种量按以下公式计算：

播种量（kg）＝［计划基本苗数/667 m²×千粒重（g）］/（1 000×1 000×发芽率×田间出苗率）

播种深度以 3～5 cm 为宜。严格掌握播种深度是指镇压轮镇压后种子距土表 3～5 cm，播种过深形成弱苗，分蘖不足。

同时，要做到精细播种，不重播、不漏播，深浅一致，覆土严实，播种到头到边，实现一播全苗，避免出现缺苗断垄和疙瘩苗现象。

采用小麦种肥同播宽幅机播种，等行距 20 cm，播幅 8 cm，提高播种质量。小麦种肥同播机基肥沟施于种子行间（深度在 10 cm 左右）及基层（深度在 10～15 cm）。种肥同播应注意种肥隔离，行间种肥最短距离不少于 8 cm，基层种肥最短距离不少于 10 cm 为宜。为保证播种质量，在播种后要进行镇压，以弥合缝隙，使种子与土壤紧密接触，促进根系发育，提高小麦抗旱抗寒能力。

⑦ 冬前管理技术。冬前管理抓壮苗。目的是苗齐、苗匀、苗壮。

查苗、补苗：冬前对麦苗进行两次查苗、补苗，第一次在小麦出苗后，及时查苗、补苗，于缺苗处浇底水，补种催芽的种子。第二次在三叶一心期疏密补稀移栽，达到苗齐苗匀。

浇冬水：11 月下旬至 12 月上旬，日平均气温下降到 5 ℃左右时浇越冬水。浇好越冬水一方面利于保苗越冬，抵御冻害；另一方面，利于早春保持较好的墒情，以推迟春季第一次肥水管理的时间，争取管理上的主动。浇过冬水后，墒情适宜时，及时划锄，破除板结。

控旺促壮：对于群体大有旺长趋势的麦田，越冬前喷洒壮丰安，每 667 m² 30 mL 兑水 30 kg 喷雾化控，并于 12 月中旬小麦停止生长前镇压一遍，镇压后浅划锄，提温保墒。

（2）玉米

① 品种选择。选择生育期适宜、耐密抗倒、高产稳产的玉米品种登海 605、郑单 958 等。种子要包衣，纯度 99%、净度 98%、发芽率 95% 以上，适合单粒精准播种。

② 精细播种。

③ 播种时期。前茬小麦收获后，贴茬抢时尽早播种，力争 6 月 13 日播完。播种同时进行播种沟镇压，若土壤墒情不足，播后及时补浇蒙头水。

④ 播种方式及密度。采用单粒精量播种机进行免耕贴茬精量播种，宽垄密植，平均行距 70 cm，平均株距 16 cm，每 667 m² 保苗 6 000 株左右，保证每 667 m² 实收株数 5 500 株左右，播深 3～5 cm。做到深浅一致、行距一致、覆土一致、镇压一致，防止漏播或重播。

⑤ 种肥同播。在播种的同时，将 20 kg 磷酸二铵和 1 kg 硫酸锌混匀后耧施在种子的侧面（种、肥间隔 10 cm）。

⑥ 化学除草。播后苗前，土壤墒情适宜时或浇完蒙头水后，用 40% 乙·阿合剂或 50% 乙草胺加百草枯，兑水后进行封闭除草。

⑦ 苗期管理。清棵疏苗：玉米 4～5 叶期，去除弱株、病株和多余的玉米株，保证玉米苗全、齐、匀、壮。

追施苗肥：播种时没有施种肥的可以在玉米 6 片展开叶时，将 40 kg 40% 硫包衣控释肥（N：P：K＝20：10：10）和 10 kg 氯化钾混匀后沿行间玉米株一侧 15 cm 耧施入内。

5.5　农田病虫草害绿色高效防控技术

5.5.1　抗性品种利用，实行间作模式　玉米品种主要有登海

605、郑单 958；小麦品种济麦 22、鲁原 502、良星 77，实行合理布局，间作种植。示范区采用的 3∶7 和 2∶8 的间作模式，在抗病上效果显著。

5.5.2　物理防控技术　在农田的四周及农田间小沟渠内每隔 3.33 hm² 安装 1 盏太阳能杀虫灯，利用害虫的趋光性这种物理方法有效防治农田病虫害的发生，降低化学农药的施用量，达到绿色防控的目的。

5.5.3　新型施药设备　利用喷药直升机进行专业化统防统治，在病虫害防治关键时期，出动大型直升机和无人机与地上大型自走式喷雾机械配合作业，不留死角。

5.5.4　高效低毒农药精准施用　结合小麦"一喷三防"、玉米"一防双减"项目，通过公开招标形式采购正规厂家生产的高效低毒农药，通过专业化统防统治实现精准施药，防治效果提高 10% 以上，用药量减少 20% 以上。加强对服务组织的技术指导。对用什么药、什么时候施、什么条件下施药、喷药时应注意什么都给予具体指导，植保专家拿方案、服务组织来实施的有机结合，确保防控效果，杜绝滥用农药现象。

5.5.5　做好病虫害预测预报　建立病虫监测站，及时发布病虫发生信息，组织植保专家制定防治意见，为病虫害的及时防治打下了理论基础。

5.5.6　生物农药技术　生防制剂 YB-81 可有效防治小麦全蚀病。植物农药 830 防治小麦蚜虫，阿维菌素杀虫活性高，杀虫谱广，能有效防治双翅目、同翅目、鞘翅目和鳞翅目害虫。

小麦种肥同播高产高效种植技术

1　适用范围

本技术是山东齐河现代生态农业基地在实际应用中总结而成，规定了小麦种肥同播高产高效种植技术实施所适宜的生产条件、品种类型及所适用的栽培技术，适用于山东省，其他生态条件相似的地区（如黄淮海麦区）也可参照应用。

2　引用文件

下列国家标准和行业标准是本技术主要的参考依据：

GB 1351—2008　小麦

GB 4404.1—2008　粮食作物种子　禾谷类

GB 15618—2008　土壤环境质量标准

GB 5084—2005　农田灌溉水质标准

GB/T 4285—1989　农药安全使用标准

GB/T 8321.1—2000～GB/T 8321.9—2009　农药合理使用准则

NY/T 496—2010　肥料合理使用准则　通则

3　术语和定义

3.1　种肥同播

使用农业机械在播种同时，将基肥沟施于种子行间或底层的种植技术。

3.2　高产

小麦产量达到 600 kg/667 m² 以上。

3.3　高效

种肥同播，省时省工，后期无需追肥，提高肥料利用率10%以上，增产5%以上。

4　生产条件

选择地势平坦，土层深厚，灌排便利的地块。土壤有机质含量1.2%以上，碱解氮 100 mg/kg 以上，有效磷 25 mg/kg 以上，有效钾 100 mg/kg 以上的地块有利于获得高产。

5　品种选择

选用经过所在省品种审定委员会审定或国家审定准许在该区域

种植，经当地试验、示范，适应当地生产条件的品种。

6 主要生育指标

6.1 产量水平

每 667 m² 产量大于等于 600 kg。

6.2 冬前壮苗指标

越冬期每 667 m² 茎蘖数 60 万～70 万个，主茎叶数 6 叶至 6 叶 1 心，单株分蘖 3～5 个，单株次生根 6～10 条，叶面积系数 1～1.5，幼穗分化时期为二棱期。

6.3 群体动态指标

基本苗数每 667 m² 12 万～18 万株，越冬期茎蘖数每 667 m² 60 万～70 万个，起身拔节期茎蘖数每 667 m² 80 万～90 万个，挑旗期茎蘖数每 667 m² 70 万～80 万个，成穗数每 667 m² 42 万～48 万穗。

7 生产技术

7.1 秸秆还田

玉米收获后，使用秸秆粉碎还田机将秸秆粉碎，均匀铺撒于地表。玉米秸秆全部还田，培肥地力。秸秆粉碎长度以小于 5 cm 为宜，同时避免局部堆积影响播种质量。

7.2 播种墒情

底墒要求 0～100 cm 土体土壤相对含水量在 85% 以上。小麦出苗的适宜土壤含水量为耕层（0～20 cm）田间持水量的 70%～80%。墒情不足时应先造墒再播种。造墒时的灌水量为 50～60 m³/667 m² 为宜。

灌溉水要求应符合 GB 5084—2005 农田灌溉水质标准（下同）。

7.3 有机肥施用及整地

每 667 m² 撒施优质农家肥 2 000～4 000 kg 左右或商品有机肥 100 kg。之后旋耕（每隔两年需深耕 30 cm 以打破犁底层）入土，并耙平除去土坷垃及杂草，做到上松下实。土地整平后打埂筑畦，畦背 3.0 m，畦埂宽 0.3 m。

7.4　种肥同播

7.4.1　种子处理　播前要精选种子，去除病粒、秕粒、烂粒等不合格种子，并选晴天晒种 1～2 d。大田用种纯度不低于99.0％，净度不低于 99.0％，发芽率不低于 90％，水分不高于 13.0％。

用高效低毒的专用种衣剂包衣。没有包衣的种子要用药剂拌种，根病发生较重的地块，选用 2％戊唑醇干粉剂按种子量的0.1％～0.15％拌种，或 20％三唑酮干粉剂按种子量的 0.15％拌种；地下害虫发生较重的地块，选用 40％甲基异柳磷乳油或 35％甲基硫环磷乳油，按种子量的 0.2％拌种；病、虫混发地块用以上杀菌剂＋杀虫剂混合拌种。

农药使用应符合 GB/T 4285—1989 和 GB/T 8321.1—2000～GB/T 8321.9—2009 的规定（下同）。

7.4.2　播期　以播种至越冬期 0 ℃以上积温 600～650 ℃为宜。山东省适宜播种期是 10 月 3～15 日。适宜范围内冬性品种早播，半冬性品种晚播；胶东和鲁北地区早播，鲁南地区晚播。

7.4.3　播量　在适宜播种期内，每 667 m² 基本苗 12 万～18万株。在此范围内，高产田宜少，中产田宜多。晚于适宜播种期播种，每晚播 2 d，每 667 m² 增加基本苗 1 万～2 万株，播量每 667 m²增加 0.5 kg 左右。

播种量按以下公式计算：

播种量（kg）＝［计划基本苗数/667 m² × 千粒重（g）］/（1 000×1 000×发芽率×田间出苗率）

播种深度以 3～5 cm 为宜。

7.4.4　肥料选择及使用　种肥同播肥料选用小麦控释肥，氮磷钾含量为 28:14:6 用于秸秆还田地块，氮磷钾含量为 25:14:6 用于一般非秸秆还田地块，每亩用量 40 kg。肥料施用应符合 NY/T496—2010 的要求（下同）。

7.4.5　播种机械　采用小麦种肥同播宽幅机播种，等行距20 cm，播幅 8 cm，提高播种质量。小麦种肥同播机基肥沟施于种子行间（深度在 10 cm 左右）及底层（深度在 10～15 cm）。种肥同播应注意种肥隔离，行间种肥最短距离不少于 8 cm，底层种肥最短距离不少于 10 cm 为宜。

7.4.6　播后镇压　为保证播种质量，在播种后要进行镇压，以弥合缝隙，使种子与土壤紧密接触，促进根系发育，提高小麦抗旱抗寒能力。

7.5　田间管理

7.5.1　冬前管理

（1）查苗补种。出苗后及时查苗补种。对缺苗断垄（10 cm 以上无苗为"缺苗"；17 cm 以上无苗为"断垄"）的地方，用同一品种的种子浸种至露白后及早补种。

（2）划锄。雨后或播后浇水的地块，及时划锄，破除板结。划锄时要防止拉伤根系。

（3）化学除草。11 月上中旬（小麦 3 叶期以后），日平均温度 10 ℃以上时适时进行化学除草。阔叶杂草每 667 m² 用 75% 苯磺隆可湿性粉剂 1～1.5 g，抗性双子叶杂草每 667 m² 用 5.8% 双氟磺草胺悬浮剂 10 mL 或 20% 氯氟吡氧乙酸乳油（50～60 mL），兑水 30 kg 喷雾防治。单子叶杂草每 667 m² 用 3% 甲基二磺隆乳油 20～30 mL，兑水 30 kg 喷雾防治。野燕麦、看麦娘等禾本科杂草每 667 m² 用 10% 精恶唑禾草灵乳油 30～40 mL，兑水 30 kg 喷雾防治。

（4）浇越冬水。根据墒情，在 11 月底至 12 月上旬，日平均气温降至 3～5 ℃时开始浇冬水，夜冻昼消时结束。待墒情适宜时，立即划锄，以破除板结，松土保墒，防止土壤裂缝，避免透风冻害。每 667 m² 浇水 30～40 m³。

7.5.2　春季管理

（1）早春划锄。在土壤化冻 2 cm 时即可划锄，结合划锄防治田间杂草。

（2）化控防倒。在返青后拔节前，对每 667 m² 茎数超过 100 万个的麦田，用多效唑进行化控。15% 多效唑可湿性粉剂每

667 m² 用量为 40～50 g 兑水 30 kg，进行叶面喷施，务求喷匀。

（3）春季灌水。在浇越冬水的基础上，春季灌水推迟到小麦起身期或拔节期。

（4）春季防治。春季主要以防治地下害虫、麦蜘蛛和纹枯病为主。在金针虫、蛴螬等地下害虫危害严重的地块，可选用 50% 辛硫磷乳油 1 000 倍液喷麦茎基部。防治麦蜘蛛可用 73% 炔螨特乳油 2 000 倍或 0.9% 阿维菌素乳油 3 000 倍液喷雾防治。防治纹枯病等根病可每 667 m² 用 5% 井冈霉素水剂 150～200 mL 兑水 75～100 kg 喷小麦茎基部防治。

7.5.3　后期管理

（1）浇灌浆水。视墒情浇好灌浆水，每 667 m² 浇水 40 m³ 左右为宜。注意应在无风的天气进行，以防倒伏。

（2）病虫害防治。贯彻"预防为主，综合防治"的植保方针，以农业防治为基础，提倡生物防治，按照病虫害的发生规律科学使用化学防治技术。在施用化学农药时，应按 GB/T 4285—1989 农药安全使用标准、GB/T 8321.9—2009 农药合理使用准则执行。

化学防治应做到对症下药，适时用药，注意药剂的轮换使用和合理混用，按照规定的浓度要求合理使用。小麦生育前期要加强小麦纹枯病、麦蜘蛛的防治，小麦生育后期要加强赤霉病、白粉病、锈病、穗蚜等病虫害的防治。

① 小麦纹枯病。播前可用戊唑醇、井冈霉素或蜡质芽子包杆菌拌种预防冬前发病。小麦拔节初期病株率达 20% 的田块选每 667 m² 用 20% 井冈霉素可湿性粉剂 45 g，或 25% 丙环唑乳油 27 mL，或 10% 井·蜡芽悬浮剂 250 mL，兑水 50 kg 手动喷雾器，20 kg 机动弥雾机，下同，并选择上午有露水时喷药，使药液流到麦株基部。重发区首次喷药后隔一周再喷药一次。

② 小麦赤霉病。常发麦区于小麦齐穗—扬花初期喷药预防病害发生。选择渗透性、耐雨水冲刷性较好的农药如每 667 m² 用 50% 多菌灵悬浮剂 120 mL 兑水，或 36% 甲基硫菌灵悬浮剂

1 500 倍液均匀喷雾于小麦穗部。重发年份，可在初花和盛花期两次喷药。小麦盛花期后慎用三唑酮，以免影响结实。根据预报，雨前喷药预防，必要时雨后补喷。喷药时要对准小麦穗部均匀喷雾。

③ 小麦白粉病。春季病叶率达 20％时，每 667 m² 用 70％甲基硫菌灵可湿性粉剂 80～120 g，或 50％多·酮可湿性粉剂 50～100 g兑水喷雾防治。并视田间病情发展情况，重病田再补治一次。

④ 小麦锈病。小麦条锈病：发现单片病叶要及时摘除并带出田外烧毁或土埋；早期出现发病中心，要及时喷药防治，控制传播蔓延；大田平均病叶率 1％时要立即进行普治，重病田要进行二次防治。

小麦叶锈病：田间病叶率达 20％要及时喷药防治，并视病情发展，重病田进行二次防治。

防治药剂：每 667 m² 用 12.5％烯唑醇可湿性粉剂 40 g，或 12.5％腈菌唑乳油 36 mL 兑水叶面喷雾。穗期可结合"一喷多防"，防病、防虫、兼防干热风。

⑤ 麦蜘蛛。小麦返青后，每米行长麦苗有螨 1 200 头时，上部叶片 20％面积有白色斑点时，选用 42％毒死蜱乳油（每 667 m² 用药 50 mL）兑水喷雾防治。

⑥ 小麦蚜虫。当百株蚜量苗期大于 500 头、穗期大于 800 头、并且小麦蚜虫天敌单位数与蚜虫数量比例小于 1∶322 时，每 667 m² 用 50％吡虫啉可湿粉剂 8 g，或 20％啶虫脒可湿粉剂 10 g，或 24％抗蚜·吡虫啉可湿粉剂 14～19 g 兑水喷雾防治。

⑦ 叶面喷肥。选用的微量元素叶面肥料质量应符合 GB/T 17420—1998 标准。在小麦孕穗桃旗期和灌浆初期，叶面喷施 1％～2％尿素和 0.3％～0.4％磷酸二氢钾溶液 1～2 次，可增加粒重，提高籽粒品质。也可把尿素、磷酸二氢钾与杀虫剂、杀菌剂、植物生长调节剂混配，开展"一喷三防"，一次施药可达到防虫防病、提质增产和节本增收的目的。

8　收获

8.1　适时收获

机械直接收割（联合收割脱粒）的适宜收获期为蜡熟末期至完熟初期。

8.2　及时晾晒

选用三合土麦场翻晒，禁止在柏油路面翻晒。选择晴朗干燥天气，先将晒场晒热，上午 10：00 后出场晒麦，薄摊勤翻，晒至 50～52 ℃，保持 2 h，15：00～16：00 聚堆入仓，选用 0.18～0.2 mm 的聚乙烯塑料薄膜趁热密闭。

8.3　安全贮藏

采用干燥、趁热密闭贮藏方法和"三低"（低温、低氧、低氧化铝剂量）的综合技术贮藏。入仓小麦籽粒含水量＜13％。

小麦—玉米有机无机肥配施技术

1　适用范围

本技术规定了小麦、玉米不同生长时期有机肥料和无机肥料的种类、施用量以及施用技术，通过有机无机肥合理配施，达到培肥、增产、减少化肥施用量、保护生态环境的目的。主要适用于山东省，其他生态条件相似的地区（如黄淮海麦区）也可参照应用。

2　引用文件

本技术主要参考了以下行业标准，主要包括：

NY 525—2012　有机肥料标准

NY/T 496—2010　肥料合理使用准则　通则

3　术语和定义

3.1　有机肥料

主要来源于植物和（或）动物，经过发酵腐熟的含碳有机物料,其功能是改善土壤肥力、提供植物营养、提高作物品质。

3.2 无机肥料

无机肥料为矿质肥料,也叫化学肥料,简称化肥。它具有成分单纯,含有效成分高,易溶于水,分解快,易被根系吸收等特点,故称"速效性肥料"。

3.3 有机无机肥配施

有机肥和无机肥(也称化肥)按照一定的比例配合施用,以达到培肥和增产的效果。

3.4 土壤培肥化肥减量

根据作物不同生长阶段的需肥规律和土壤养分含量来计算肥料施用量,通过减少化肥施用量达到土壤培肥的目的。

4 肥料的选择

4.1 有机肥料

有机质含量(以干基计)/(%)≥30

总养分($N+P_2O_5+K_2O$)含量(以干基计)/(%)≥4.0

水分(游离水)含量/(%)≤20

pH 5.5~8.0

4.2 无机肥料

(1)选择正规企业的产品,并要在正规企业的销售处或合法经销单位购买,到有固定经营场所,证、照齐全的农资产品经营单位购买。

(2)购买化肥时,要查看肥料包装标识,特别要注意查看有无生产许可证、产品标准号、农业登记证号,要查看产品质量证明书或合格证,以及生产日期、保质期和批号、生产者或经销者的名称、地址,产品要有使用说明书。

(3)肥料产品标识要清楚规范。那些不实或夸大性质的词语如"肥王""全元素"等是不允许添加的。选择的肥料产品,外观应颗粒均匀,无结块现象,且不要购买散装产品。

(4)购买肥料要索要收据(发票)和盖有经营单位公章的信誉卡,信誉卡上应清楚准确地标明购买时间、产品名称、数量、等级、规格、型号、价格等主要项目。一定不能接受个人签名的字据或收条。肥料施用后要保存肥料包装，以便出现纠纷时作为证据或索赔依据。

5 有机无机肥配施技术

5.1 小麦

5.1.1 基肥 玉米秸秆粉碎还田后每 667 m² 施用农家肥 2 t（含氮量 1.0％左右）或商品有机肥每 667 m² 施用 100 kg，施用全氮（N）5 kg、全磷（P_2O_5）8 kg、全钾（K_2O）2 kg，撒施深翻。肥料施用应符合 NY/T 496—2010 的要求（下同）。

5.1.2 追肥 小麦拔节期（4 月上旬）施用全氮 5 kg/667 m²，条施。

5.2 玉米

5.2.1 种肥 小麦秸秆还田粉碎还田后，随播种施用全氮（N）3 kg/667 m²、全磷（P_2O_5）5 kg/667 m²、全钾（K_2O）3.3 kg/667 m²。

5.2.2 追肥 玉米大喇叭口期每 667 m² 施用全氮 5 kg，条施。玉米花粒期每 667 m² 施用全氮 2 kg，条施。

玉米秸秆还田腐熟剂施用技术

1 适用范围

本技术由山东齐河县在结合农技推广体系建设和耕地保护与质量提升等项目，在推广秸秆还田的基础上施用秸秆腐熟剂，以达到快速腐熟秸秆，保护环境、增产、增收的目的。本技术规定秸秆腐熟剂的定义及玉米秸秆腐熟剂施用技术方法，适用于山东省和其他生态条件相似的地区。

2 引用文件

本技术参考了以下国家标准和行业标准，主要有：

GB 20287—2006 农用微生物菌剂的国家标准

GB/T 4285—1989 农药安全使用标准
GB/T 8321.1—2000～GB/T 8321.9—2009 农药合理使用准则
NY/T 496—2010 肥料合理使用准则 通则

3 术语和定义

3.1 秸秆腐熟剂

秸秆腐熟剂是选用腐解能力强的枯草芽孢杆菌、米曲霉、酿酒酵母等优势菌株复合而成，可快速堆沤腐解秸秆等有机物料，菌株从自然腐烂物中筛选，经提纯，浓缩复合而成秸秆腐熟剂，无毒害菌株，对农作物不会产生负面影响。

3.2 基肥

一般是在播种或移植前施用的肥料。它主要是供给植物整个生长期中所需要的养分，为作物生长发育创造良好的土壤条件，也有改良土壤、培肥地力的作用。

3.3 深耕

当一块田地要播种、插秧之前，先须犁田，把田地深层的土壤翻上来，浅层的土壤覆下去。

4 秸秆腐熟剂选择

秸秆腐熟剂必须执行标准 GB 20287—2006，登记证产品名称为"有机物料腐熟剂"，适用于北方玉米秸秆，以高产纤维素酶的微生物为主，各种有益菌搭配合理，有效活菌数≥0.5 亿/g。

5 技术要求

5.1 秸秆处理

在玉米成熟后，采用人工收获时，可在摘穗、运穗出地后，用机械粉碎秸秆并均匀覆盖地表；采取联合收割机收割时，一边收获玉米穗，一边将玉米秸秆粉碎，秸秆粉碎长度应小于 5 cm，并覆盖地表。粉碎的秸秆要铺满地面，做到地不漏白，切忌成堆。

5.2　腐熟剂施用

在秸秆覆盖后，趁秸秆青绿（最适宜含水量 30％以上），在雨后或空气湿度较大，按每 667 m² 施用 2 kg 秸秆腐熟剂量，将腐熟剂和适量潮湿的细沙土混匀，再加 5 kg 尿素混拌后，配合基肥均匀地撒在秸秆上。

5.3　深翻整地

采取机械深耕作业，耕翻深度在 20 cm 为宜。将粉碎玉米秸秆、基肥、尿素与表层土壤充分混合，及时耙实，以利保墒。为防止玉米病株被翻埋入土，在翻埋玉米秸秆前，及时进行杀菌处理。在秸秆翻入土壤后，需浇水调节土壤含水量，保持适宜的湿度（土壤含水量 75％左右），达到快速腐解的目的。肥料施用应符合 NY/T 496 的要求。

5.4　防治病虫害

在玉米秸秆还田地块，早春地温低，出苗缓慢，易患丝黑穗病、黑粉病，可选用包衣种子或相关农药拌种处理。发现丝黑穗病和黑粉病植株要及时深埋病株。玉米螟发生较严重的秸秆，可用 Bt 200 倍液处理秸秆。农药使用应符合 GB/T 4285—1989 和 GB/T 8321.1—2000～GB/T 8321.9—2009 的规定。

生态沟渠建设技术

1　适用范围

本技术根据"兼顾农田排水和生态拦截功能，因地制宜，循环利用，生态降解，绿化美观，生物多样性保护"的原则，充分利用原有排水系统，进行一定的工程改造，建成集约化农田生态沟渠系统，使之在具有原有的排水功能基础上，增加对农田排水中所携带氮、磷等养分的吸附、吸收和降解，美化农田环境、固土护坡、保护农业生物多样性等生态功能。本技术规定了集约化农田生态沟渠建设和管理的技术要点，适用于北方地区集约化农田生态沟渠建设。

2 引用文件

本技术参考了以下国家和行业标准，主要有：
GB 50288—1999 灌溉与排水工程设计规范
SL 18—2004 渠道防渗工程技术规范
SL/T 246—1999 灌溉与排水工程技术管理规程

3 术语和定义

3.1 生态拦截

采用生物技术、工程技术等措施对农田径流中的氮、磷等物质进行拦截、吸附、沉积、转化及吸收利用，从而对农田流失的养分进行有效拦截，达到控制养分流失，实现养分再利用，减少水体污染物质的目的。

3.2 集约化农田

集约化农田是在一定面积的土地上集中投入较多的生产资料和劳动，通过应用先进的农业技术措施和管理方法来增加农产品产量的农田。

3.3 集约化农田生态沟渠

集约化农田生态沟渠是一种与相邻两边环境不同的线状或带状斑块区域，具有保护生物多样性、过滤或阻抑物质、防止水土流失、调控洪水、美化环境等生态服务功能，是支撑生态体系运作的重要一环，是具有生态功能的绿色景观空间类型，由纵横交错的输水和排水河道沟渠构成，并与绿色植被有机结合，形成农田沟渠生态网络系统。

4 生态沟渠设计

应符合 GB 50288—1999 和 SL 18—2004 要求。

4.1 分类

集约化生态沟渠根据功能、位置和大小分成两类：一类是在集约化农田内的小排水沟渠，农田产生径流直接排入小排水沟；

另一类为农田外的河道，小排水沟的水排入河道，然后排出农田外面。

4.2　生态沟渠组成

生态沟渠系统主要由工程部分和生物部分组成，工程部分主要包括渠体，生物部分主要包括渠底、渠两侧的植物。

4.3　渠体建设

因地制宜，尽量保持原貌。对农田中的小型排水沟，在不影响农田排水的情况下，不进行工程化改造。对农田道路边的大型排水沟渠在渠体两侧原本稳定的情况下不进行工程化改造，对两侧崩塌严重的沟渠进行削坡开级作业。对沟渠内淤积严重不能达到排水要求的进行沟底整修改造。在农田道路边的大型排水沟渠两侧布设亲水平台，每隔 200 m 建设一个亲水平台。

4.4　生态沟渠的植物多样性设计

4.4.1　植物选择要求　生态沟渠的植物选择主要考虑具有一定的经济价值并且易于处置利用，并可形成良好生态景观的植物。

4.4.2　植物多样性设计　农田中的小排水沟渠内种植紫花苜蓿、黑麦草、波斯菊、二月兰、狗牙根、高羊茅、马鞭草等草本植物。

对于农田道路边的大型排水沟渠，在沟渠道路边种植当地主栽林木，包括杨树、柳树、槐树等，树下种植狗牙根、高羊茅、黑麦草、波斯菊、二月兰等固土绿化景观植物；沟渠两侧坡面在保留原有植被的情况下，条带状或点状种植多年生黑麦草、弯叶画眉草、高羊茅、百喜草、波斯菊、二月兰、紫花苜蓿、狗牙根等护坡和景观植物。

在农田道路边的大型排水沟渠底部种植路易斯安娜鸢尾、香蒲、芦苇、水葱、再力花、水芹、荷花、睡莲、狐尾藻等水生植物。为使景观多样化，每种水生植物随机间隔种植，间隔距离 6～10 m。

这样构筑完成的集约化农田生态沟渠系统有利于充分体现沟渠

生态缓冲带的水土保持功能，净化水质，涵养水源，并有利于沟渠生态系统的健全，改善沟渠生态环境，保护生物多样性。

4.4.3 植物的养护与管理 根据季节、植物生长状况，及时收获、处置、利用，防止水生植物死亡后沉积水底腐烂，向水体释放有机物质和氮、磷元素，造成二次污染。

维持沟渠输水和排水的功能。及时清除杂草和沟底淤积物，保证沟渠的容量和水生植物的正常生长。

6 生态沟渠效果与检测

以农田排水口、沟渠出水口水体作为生态沟渠水体净化的检测取样点。测定样品中氮磷等污染物浓度，分析生态沟渠拦截、净化效果。以原有农田排水沟渠为对照，监测生态沟渠内昆虫多样性变化。

7 生态沟渠管理

应符合 SL/T 246—1999 规定要求。

一年两熟集约化农田社会化体系建设技术

1 适用范围

本技术规定集约化农田社会化服务体系下种植、管理的生产条件和技术要点，适用于山东省，以及其他生态条件相似的地区（如黄淮海麦区）。

2 引用文件

本技术参考了以下国家和行业标准，主要包括：
GB/T 4285—1989　农药安全使用标准
GB/T 8321.1—2000～GB/T 8321.9—2009　农药合理使用准则
NY/T 496—2010　肥料合理使用准则 通则

3 术语和定义

3.1 农业社会化服务体系

指为农业生产提供社会化服务的成套的组织机构和方法制度的总称。它是运用社会各方面的力量，使经营规模相对较小的农业生产单位，适应市场经济体制的要求，克服自身规模较小的弊端，获得大规模生产效益的一种社会化的农业经济组织形式。

3.2 测土配方施肥

以土壤测试和肥料田间试验为基础，根据作物需肥规律、土壤供肥性能和肥料效应，在合理施用有机肥料的基础上，提出氮、磷、钾及中、微量元素等肥料的施用数量、施肥时期和施用方法。

3.3 小麦"一喷三防"技术

小麦"一喷三防"技术是在小麦生长期使用杀虫剂、杀菌剂、植物生长调节剂、叶面肥、微肥等混配剂喷雾，达到防病虫害、防干热风、防倒伏，增粒增重，确保小麦增产的一项关键技术。

3.4 玉米"一防双减"技术

在玉米大喇叭口期将杀虫剂和杀菌剂混用，对病虫害进行一次性防治，达到玉米生长后期减少害虫基数和减轻病害危害程度的目的，确保玉米增产增收。

4 建设原则

4.1 农民接受服务实行自愿的原则

服务组织要根据农民的需要开展服务，通过提高服务质量和服务效益吸引农民，不要代替农户做那些自己可以决策和自己干得了的事情，或者暂时不愿接受的事情。

4.2 服务体系的发展实行量力而行的原则

既要抓紧，又不要操之过急，不强求一律，要从不同地区的实际情况出发，因地制宜，积极稳步发展。

4.3 基本实行有偿服务的原则

服务实体要根据保本微利的要求，合理收取服务费用，不以盈利为目的。属于国家和集体经济组织对农民的扶持，以及协调组织方面的工作，实行无偿服务。

5 建设内容

5.1 规模

该服务体系必需达到一定规模，能够承担 3 333.33 hm² 以上农业生产各个环节的服务，包括产前、产中、产后服务，并购置相应的耕种、收获、排灌、植保、运输等机械，需拥有深耕深松设备10 台以上，旋耕设备 50 台以上，播种设备 50 台以上，动力机械20 台以上，玉米联合收割脱粒机 20 台以上，小麦联合收割机 20台以上，排灌设备 50 台套以上，大中型植保器械 100 台以上，小型植保器械 200 台以上，运输车辆 10 部以上。

5.2 资质

经工商或民政部门注册登记，取得法人资格，注册资金达到500 万以上，并在所在服务区域县级以上农业行政主管部门备案。

5.3 场地

具有固定的经营服务场所和符合安全要求的物资储存条件，办公场所 200 m² 以上，仓储面积达到 2 000 m² 以上。

5.4 人员

具有 10 名以上经过专业技术培训的技术人员，固定作业人员100 人以上。

5.5 作业能力

日作业能力达到 33.33 hm² 以上。

5.6 制度

具有健全的组织章程和人员管理制度。

5.7 规模

土地流转规模达到 20% 以上。

5.8 服务人员

服务人员接受上级业务部门培训 3 次以上，每年培训基层农民2 000 人次以上。

5.9　服务区域

服务区域选择地势平坦，土层深厚，排灌条件良好，连片种植，便于机械化操作的地块。土壤条件要求有机质含量 11.5 g/kg，碱解氮 100 mg/kg，有效磷 20 mg/kg，速效钾 100 mg/kg 以上的地块。

5.10　效益

每 667 m² 投入成本降低 50～100 元，亩增收益 100～200 元，减少废弃物污染 60％以上，辐射带动周边 1.33 万 hm² 土地参与社会化服务管理。

6　主要生产技术指标

6.1　耕层指标

要求用 93.21 kW 以上的深耕深松机械对农田进行深耕深松，深耕深松深度 30～40 cm，有利于打破土壤板结，增强土壤蓄肥蓄水和抗倒、抗病虫能力，有利于提高单产和土壤的可持续利用。

6.2　增施有机肥，秸秆还田

每 667 m² 投入有机肥 100 kg 以上，100％秸秆还田，并投入腐熟剂，提高土壤有机质含量。

6.3　测土配方施肥

根据土壤养分供给量和作物需肥量，根据产量指标和作物不同生育期的需肥特点，决定土壤肥料投入量。一般情况下，每生产 100 kg 小麦籽粒，小麦植株需要从土壤中吸收全氮（N）2.5～3.5 kg，全磷（P_2O_5）1.0～1.5 kg，全钾（K_2O）2～4 kg；每生产 100 kg 玉米籽粒，玉米植株需要从土壤中吸收全氮（N）2.5～3.0 kg，全磷（P_2O_5）1.0～1.5 kg，全钾（K_2O）2～2.5 kg。同时重视中微量元素的使用，土壤缺什么补什么，确保养分供应，但不过量施肥，减少化肥用量 15％以上，提高肥料利用率 20％以上。

6.4　良种选择

选用适应本区域种植，且高产、抗倒、抗病适宜机械化作业的省审或国审品种，种子质量达到国家质量标准。

6.5 播种技术

小麦播期掌握在日平均温度 16～18 ℃时播种，采用宽幅播种机播种，播种深度 3～5 cm，行距 20～25 cm，播幅 8 cm，畦宽 1.5～1.8 m，两畦间留 30～40 cm 作业行，播后镇压。玉米在小麦收割后及时播种，最晚播期不晚于 6 月 15 日，玉米播种深度 2～4 cm，行距 65～70 cm；播量根据品种特性而定。

6.6 病虫草害防治技术

贯彻"预防为主，综合防治"的植保方针，以农业防治为主，提倡生物防治、物理防治、化学防治相结合的防治方法，按照病虫害的发生规律和靶标生物的防治指标进行防治，最大限度减少施药次数，减轻农药污染。

6.6.1 药剂拌种 杀虫剂、杀菌剂混合进行药剂拌种，能有效预防土传病害和地下害虫，减少生长期的病虫害发生程度，进而减少用药次数，减少劳动力。

6.6.2 小麦冬前化学除草 11 月上中旬（小麦 3 叶期以后），日平均气温 10 ℃以上进行专业化统防统治。此期防治杂草小、组织幼嫩，麦田没封垄，用药量少，防效好。用药量和用药成本均降低 15%～20%。利用大型喷药器械进行统防统治，药剂全部采用大包装，无废弃物污染。

6.6.3 小麦"一喷三防"技术 5 月上中旬，一次喷施杀虫剂、杀菌剂、叶面肥起到防病、防虫、防干热风的目的。利用飞机进行统防统治，提高工效 50～100 倍，减少用药量 15%以上，提高防治效果 8%以上，成本降低 15%～20%，药剂全部采用大包装，无废弃物污染。

6.6.4 玉米田化学除草 6 月中下旬，专业化服务组织采用大型喷药器械进行玉米田化学除草。工效提高 20 倍，效果提高 10%以上，用药量减少 15%以上，成本降低 15%～20%。药剂采用大包装，无废弃物污染。

6.6.5 玉米"一防双减"技术 玉米中后期植株高，气温高，农民不愿进地防治中后期病虫害，从而造成玉米减产。专业化服务组织利用飞机进行低空防治，减少用药 20％以上，提高工效 50～100 倍，增产 10％以上。

7　收获

适时收获。小麦收获时间是蜡熟末期，玉米收获时间是籽粒乳线消失。收获机械直接脱粒机械，尽量减少籽粒损失。

8　销售

籽粒收获后，进行烘干或晾晒，由社会化服务组织代收代存，等价格合适后出售，以取得最大收益。

第七章

北方设施农业
清洁生产技术

设施农业固体废弃物堆肥技术

1 适用范围

本技术是在农业部现代生态农业基地——辽宁社甲村基地的实际应用中总结提炼而成,规定了设施蔬菜固体废弃物堆肥过程的生产环境、生产车间、原料预处理、堆肥接种、一次发酵、二次发酵、后处理加工、质量检验等技术环节的要求,适用于设施蔬菜固体废弃物堆肥及产品生产。

2 规范性引用文件

本技术重点参考了以下国家标准、行业标准,主要包括:
GB 14554—1993 恶臭污染物排放标准
GB 3095—1996 环境空气质量标准
GB 3838—2002 地表水质量标准
GB 18877—2002 有机—无机复混肥料
GB 20287—2006 农用微生物菌剂
GB 8172—1987 城镇垃圾农用控制标准
GB 12348—1990 工业企业厂界噪声标准
GB 18596—2001 畜禽养殖业污染物排放标准
NY 525—2002 有机肥料
NY/T 798—2004 复合微生物肥料

NY/T 883—2004　农用微生物菌剂生产技术规程

NY 884—2004　生物有机肥

HJ/T 81—2001　畜禽养殖业污染防治技术规范

3　术语和定义

3.1　有机肥

主要来源于植物和（或）动物，施于土壤以提供植物营养为其主要功能的含碳物料。

3.2　堆肥

在一定条件下通过微生物的作用，使有机物不断被降解和稳定，并生产出一种适宜于土地利用的产品的过程。堆肥化是一种有机肥料生产方式，也是一种固体废物的生物处理方式。

3.3　尾菜

新鲜蔬菜、瓜果采收过程中必须去掉的残叶以及烂果、落果等。

3.4　枯秧

设施蔬菜生产后，尤其指番茄、黄瓜等拉秧植株，采收后所剩的残余植株。

3.5　堆肥菌剂

堆肥菌剂是指能加速固体有机废物堆肥进程的微生物活体制剂。

4　堆肥流程

设施蔬菜固体废弃物堆肥的生产技术环节包括：原料贮存及预处理、堆肥菌剂添加、一次发酵、陈化、后处理加工、堆肥质量检验、生产区环境质量控制。

4.1　原料贮存及预处理

为满足堆肥化生产的需要，部分堆肥原料要进行贮存，对原料贮存的要求如下：

（1）在原料贮存区，含水率较低的干物料应避雨存放，保持低的含水率。

（2）含水率高的湿物料不宜长期存放，要及时处理，尽可能减少臭气和渗滤液的产生，防止环境二次污染。

（3）原料贮存的环境管理参照 GB 18596—2001 执行。

（4）原料贮存应有专门的原料贮存区域，最好设置原料贮存车间，贮存车间内应根据不同的原料特性分类进行存放。

（5）供应便捷、使用量大的物料尽量不贮存或者少量贮存，保证尽可能短的贮存期。

（6）预处理环节应对固体有机废物的水分、粒度、C/N、pH做出调整。主要的预处理工艺控制参数。

4.2　堆肥菌剂

4.2.1　选用原则

（1）不得使用未经菌种安全评价或中华人民共和国农业部登记的制剂。

（2）根据固体有机废物类型及特点选用合适菌种制品，选用菌种的技术指标需达到农用微生物菌标准 GB 20287—2006 中的要求。

4.2.2　一般要求

（1）堆肥接种剂应在原料混合时均匀加入。

（2）堆肥菌剂添加比例不得少于千分之一（干基，以重量计）。

4.3　一次发酵

4.3.1　技术要求　堆肥一次发酵是实现有机物料无害化的过程，常用的工艺有条垛式和槽式两种类型。

（1）条垛式发酵。条垛式堆肥工艺是将原料混合后堆成长条形的堆或条垛，在好氧条件下进行分解的一种常见的好氧发酵系统。

① 堆体形状。堆体底部宽控制在 120～300 cm，以 200 cm 左右为适宜，堆高控制在 80～200 cm，以 120 cm 左右为最适宜，长度不限。各条垛间距为 80～100 cm。

② 堆肥设备。主要是条垛式翻堆机，根据条垛的大小、形状以及位置决定设备选型。主要设备的技术参数为最大允许堆高200 cm，堆宽 300 cm，前进/后退速度可达到 5～15 m/min，生产

能力不小于 600 m³/h。

（2）槽式发酵。槽式发酵工艺是在长而窄的被称为"槽"的通道内进行堆肥发酵，将可控通风和定期翻堆相结合的一种好氧堆肥发酵工艺。

① 发酵槽尺寸通常为 L×W×H ＝（30～80）m×（3～8）m×（1.5～2）m，槽的壁上部铺设导轨，便于翻堆机行走；槽底部铺设曝气系统，向槽内发酵物料通风充氧，主要由高压风机、通风管道组成，通风管通的口径 75 mm，6 m 宽的槽至少应铺设设三条通风管道，管道上钻有小孔，通过高压风机向槽底送风充氧。风压 4 266.3 kPa、风量 6.3 m³/min。

② 翻堆机（搅拌机）是通过机械搅动将物料搅拌均匀，促进热量和水分挥发并将物料在槽内缓慢位移。常见的设备包括链板式和驳齿式，主要由行走底盘部分、链板（搅拌齿）、液压升降部分、传动部分及电控部分组成。行走速度 0～6 m/min，工作幅宽 3～6 m，翻堆高度 1～2 m。

4.3.2　过程控制

（1）温度控制。堆体发酵温度应控制在 50～60 ℃，当堆体温度超过 60 ℃时，应进行翻堆操作或强制通风；一次发酵应保持堆体温度 50 ℃以上并维持 5～10 d，满足 GB 7959—1987 的要求。

（2）水分控制。随着堆肥发酵含水率逐渐下降，到一次发酵结束时含水率应在 36%～45%。

（3）堆体氧气浓度。通过翻堆操作或强制通风使堆体内氧气浓度保持在 3% 以上。

4.4　陈化

4.4.1　技术要求　堆肥陈化是有机物质稳定化的过程，常用的堆肥陈化的方法有：

（1）自然堆置法。可将完成高温发酵的物料按照条垛式堆肥的方式，堆积在专门的车间或陈化棚内，堆宽 5～6 m，堆高 1.4～1.6 m 限制在 2 m 以下，静置堆积的方式下堆体不宜过高过宽，否则不利于温度和水分的散发，最好能定期用棍棒插出排气孔，有利于提高熟化效率。

（2）熟化（陈化）仓法。熟化仓的类型较多，如板式熟化仓、皮带式熟化仓。还有一种类似发酵槽的熟化仓，这种熟化仓是在低部铺设通气管道，能通过间歇式低强度的鼓风，促进热量和水分挥发。通常熟化仓的料堆高度可达到 3 m。

（3）槽式陈化法。与一次发酵槽式法类似，陈化物料放置在槽内，通过可控通风和定期翻堆进行堆肥发酵，但槽式陈化法一般采用 9 m 以上的宽槽。

4.4.2　过程控制

（1）堆体物料含水率在二次发酵完成后应降到 28%～35%。

（2）二次发酵过程中堆体温度应稳定在 40 ℃左右，发酵完成时堆体温度应接近环境温度。

（3）二次发酵过程可通过强制通风维持堆体氧气浓度。

（4）二次发酵周期不得少于 15 d，可根据实际生产需要适当调整发酵周期。

4.5　堆肥质量检验

（1）腐熟的堆肥呈现疏松的团粒结构，不再吸引蚊蝇，不会有令人讨厌的臭味，出现因真菌生长而呈现的白色或灰白色。

（2）pH 应在 5.5～8.5。

（3）呼吸速率＜200 mg/（kg·h）。

（4）可溶盐浓度＜2.5 mS/cm。

（5）发芽率指数（GI）＞80%，测定方法参考附录 J。

4.6　堆肥化后处理加工

固体有机废物经过堆肥化处理后，可直接用作土壤改良剂；也可作为生产商品有机肥、生物有机肥和有机无机复混肥、复合微生物肥料的原材料。

（1）商品有机肥应符合有机肥料标准 NY 525—2002。

（2）生物有机肥应符合生物有机肥标准 NY 884—2002。

（3）复合微生物肥料应符合复合微生物肥料标准 NY/T 798—2004。

（4）有机—无机复混肥料应符合有机—无机复混肥料标准 GB 18877—2002。

5　堆肥生产环境要求

（1）厂址应选在主要原料集中、取运方便、交通便利、水电及其他资源有保障的地点。

（2）厂界与居民区的直线距离不得小于 300 m。

（3）堆肥厂厂区周边及厂区内的生产区与管理区之间，均应设置绿化隔离带。

（4）厂区空气质量达到大气环境质量标准 GB 3095—1996 中 Ⅱ类标准要求。

（5）厂区生产用水达到地表水质量标准 GB 3838—2002 中Ⅳ类水标准。

（6）厂界噪声执行工业企业厂界噪声标准 GB 12348—2008 Ⅲ类标准：昼间等效声级 65 dB（A），夜间等效声级 55 dB（A）；Ⅱ类标准：昼间 60 dB（A），夜间 50 dB（A）。

6　堆肥主体设施及要求

6.1　堆肥主体设施

堆肥厂主体设施主要包括：原料储存及预处理设施、发酵设施、后处理设施、成品储存设施和除臭设施。

（1）原料储存及预处理设施。主要包括：地衡、受料、给料、破碎、筛分、混合、输送等机械设备及相关建（构）筑物。

（2）发酵设施。主要包括：与高温好氧发酵工艺相匹配的设备及相关建（构）筑物。

（3）后处理加工设施。主要包括：对发酵稳定后的堆肥物料进行进一步处理所需要的输送、破碎、筛分、混合、造粒、烘干、冷却、包装等机械设备及相关建（构）筑物。

（4）除臭设施。主要适用于密闭的车间或厂房具有集中收集臭气装置的堆肥厂，可采用生物滤池、土壤过滤等设施除臭。

6.2 堆肥主体厂房要求

堆肥厂需建设原料贮存及预处理车间、一次发酵车间、陈化车间、后加工处理车间、成品储存车间和除臭设施。

（1）应根据建设区的常年主导风向进行合理的厂区规划，尽量减少各功能区之间的相互影响。

（2）在保证相对独立的情况下，各生产车间应相互间有机衔接，降低物料在相邻工艺段间的无效流动。

（3）各设施的占地面积要求：原料储存及预处理车间要求满足 7～15 d 的原料存放量，一次发酵面积不小于 0.15 m^2/t，陈化面积不小于 0.11 m^2/t，成品存储面积要求满足 60～90 d 的存放周期。

（4）生产车间应符合 DJ 36—1992 的设计卫生要求。

（5）生产车间的电气设备应符合 GB 4064—1992 的安全设计要求。

（6）生产车间的用电力装置应符合 GBJ 63—1994 的接地设计要求。

（7）生产车间的噪声控制应符合 GBJ 87—1992 的设计要求。

（8）本地区地震基本烈度为 7 度，建、构筑物应高于 7 度设计，生产车间应符合 GBJ 11—1992 的建筑抗震设计要求。

（9）生产车间应符合 GB 50033—1991 的采光设计要求。

（10）生产车间应符合 GB 50057—1994 的建筑防雷设计要求。

（11）厂房四周均设环形通道，道路宽 4 m 以上，空中不设低于 4 m 的障碍物，满足消防车通行要求。

（12）在生产中使用易燃的辅料的场所，厂区应严禁烟火，生产车间按高标准制定操作规程。

（13）根据生产工艺特点，生产车间和库房均要求为大跨度、大空间。结构选型应采用传力明确、构件简单的结构形式，采用合适的开间模数，以便结构构件的标准化、通用化。

（14）生产车间、原料库、成品库可采用轻钢排架结构，其他建构筑物可采用砖混结构。

日光温室番茄水肥一体化操作技术

1 适用范围

本技术规定了日光温室番茄水肥一体化的产地环境、微灌施肥系统组成、施肥管理、水分管理、其他田间管理和系统维护，适用于温室番茄水肥一体化技术操作。

2 引用文件

本技术重点参考了以下农业行业标准，主要包括：

NY 1106—2006 含腐植酸水溶肥料

NY 1107—2006 大量元素水溶肥料

NY 1428—2007 微量元水溶肥料

NY 1429—2007 含氨基酸水溶肥料

3 术语和定义

3.1 日光温室

日光温室是节能日光温室的简称，又称暖棚，是我国北方地区独有的一种温室类型。温室室内不加热，即使在最寒冷的季节，也只依靠太阳光来维持室内一定的温度水平，以满足蔬菜作物生长的需要。

3.2 水肥一体化

水肥一体化技术是将灌溉与施肥融为一体的农业新技术。水肥一体化是借助压力系统（或地形自然落差），将可溶性固体或液体肥料，按土壤养分含量和作物种类的需肥规律和特点，配兑成的肥液与灌溉水一起，通过可控管道系统供水、供肥，使水肥相融后，通过管道和滴头形成滴灌、均匀、定时、定量，浸润作物根系发育生长区域，使主要根系土壤始终保持疏松和适宜的含水量，同时根据不同的蔬菜的需肥特点，土壤环境和养分含量状况以及蔬菜不同生长期需水、需肥规律情况进行不同生育期的需求设计，把水分、养分定时定量，按比例直接提供给作物。

4　产地环境

　　该项技术适宜于有井、水库、蓄水池等固定水源，且水质好、符合微灌要求，并已建设或有条件建设微灌设施的区域推广应用。

5　微灌施肥系统组成

　　微灌施肥系统由水源、首部枢纽、输配水管网、灌水器 4 部分组成。

5.1　水源
包括河流、水库、机井、池塘等。

5.2　首部枢纽
5.2.1　水泵　根据水源状况及灌溉面积选用适宜的水泵种类和合适的功率。

　　（1）在井灌区，宜选用井用潜水泵或长轴深井泵。

　　（2）在地表水源区则选用离心泵或潜水泵，其配套动力机为电动机或柴油机等。

　　（3）如果直接取水于有压水源（水塔、压力给水管、高位水池等）则可省去水泵和动力机。

　　5.2.2　过滤器

　　（1）井水作灌溉水源宜选用筛网过滤器或叠片过滤器。

　　（2）库水、塘水及河水作灌溉水源时要根据泥沙状况、有机物状况配备旋流水沙分离器和砂过滤器。

　　（3）施肥器。根据日光温室面积和施肥量多少选择压差式施肥罐、文丘里注入器或注肥泵。

　　（4）控制设备和仪表。系统中应安装阀门、流量和压力调节器、流量表或水表、压力表、安全阀、进排气阀等。

5.3　输配水管网
输配水管网是按照系统设计，由 PVC 或 PE 等管材组成的干管、支管和毛管系统。

（1）干管宜采用 PVC 管。

（2）支管宜采用 PE 软管，沿温室走向长的一侧铺设。

（3）毛管宜采用 PE 软管，与支管垂直铺设，每行植株铺设一条毛管。

5.4 灌水器

灌水器宜采用滴灌管。管上式滴灌管流量为 2～12 L/h。每颗番茄植株 1 个滴头。

6 施肥管理

6.1 肥料的选择

适于番茄水肥一体化滴灌施肥的肥料应为水溶性肥料，水溶性肥料应符合《含腐植酸水溶肥料》（NY 1106—2006）、《大量元素水溶肥料》（NY 1107—2006）、《微量元水溶肥料》（NY 1428—2007）、《含氨基酸水溶肥料》（NY 1429—2010）等的要求。

6.2 底肥

（1）应施用优质的腐熟有机肥每 667 m² 5～7 t，过磷酸钙每 667 m² 50 kg，硫酸钾每 667 m² 10 kg。

（2）施肥前，先将磷肥掺入有机肥中进行堆沤，然后在翻地时均匀施入耕层。

6.3 追肥

（1）苗期可将尿素、二铵、硝酸钾按照 0.35∶0.35∶0.3 的比例混合，随水混入施肥器，直至完全溶解，施用剂量每 667 m² 5 kg。

（2）当第 1 穗果开始膨大至兵乓球大小时，可将尿素、二铵、硝酸钾按照 0.3∶0.35∶0.35 的比例混合，随水混入施肥器，直至完全溶解，施用每 667 m² 9～12 kg。

（3）当第 1 穗果即将采收，第 2 穗果膨大至乒乓球大小时，可将尿素、二铵、硝酸钾按照 0∶0.4∶0.6 的比例混合，随水混入施肥器，直至完全溶解，每 667 m² 施用 10～15 kg。

（4）当第 2 穗果即将采收，第 3 穗果膨大至乒乓球大小时，可将尿素、二铵、硝酸钾按照 0.11∶0.24∶0.65 的比例混合，随水混入施肥器，直至完全溶解，每 667 m² 施用 9～12 kg。

（5）为提高根系活力，延迟植株衰老，提高果实质量和产量，可进行叶面喷肥。在番茄盛果后期，于晴天傍晚将 0.5%～1.0% 磷酸二氢钾水溶液结合喷药进行叶面施肥，连喷 2～3 次。

（6）追肥次数和数量可灵活应用，可按苗情长势增减施肥次数和施肥数量，配方可参考生育时期选择以上配方。

7 水分管理

（1）采用滴灌技术，温室番茄灌溉定额为每 667 m² 灌溉 350 m³，植株定植后应立即浇水，在植株生长前期（苗期和开花期），每周浇水 1 次，每次灌水量 13～15 m³，进入生长旺盛期后（结果期），每 3～4 d 浇水 1 次，每次灌水量 15～19 m³，全生育期浇水 20～25 次。

（2）滴灌次数和滴灌量可根据番茄生长需要、温室温度、湿度等灵活应用，可按植株长势增减滴灌次数和滴灌量。

（3）浇水多选择在晴天，尽可能避免阴天浇水。

（4）滴水前，把井水加到贮水罐或储水窖中，让其沉淀半小时以上再开始滴水，防止井沙等杂物进入滴灌设备。

8 其他田间管理

8.1 闷棚

采用熏蒸的方法，每亩用硫黄 2～3 kg、敌敌畏 0.25 kg，加入适量锯末，在傍晚分多个点点燃、熏蒸、密闭棚室，第 2 d 上午打开放风，对常用农具也一同消毒，可减轻病害的发生，一般在 7 月上旬至 8 月下旬进行。

8.2 整地

及时深翻 25～30 cm，并搅匀、整平，做垄畦或平畦。

8.3 扣棚

在定植前 1 周内及早扣好膜，并在上下放风口铺设 30 目的防虫网，防止白粉虱、蚜虫的迁入。

8.4　定植

（1）选择晴天，在已确定好的行内定植，尽量使植株高度一致。

（2）定植密度由品种、整枝方式、生长期长短等因素决定。无限生长类型的品种，采用单杆整枝的行株距为 55～60 cm×33～35 cm，每 667 m^2 在 2 300～2 700 株。

（3）定植后及时浇定植水。

8.5　整理植株

待植株长到 30 cm 以上时，及时系好吊绳，为绑蔓做好准备。

8.6　温、湿度管理

（1）番茄最适宜的温度，生长前期白天 20～25 ℃，夜间 12～14 ℃。

（2）生长中后期（结果采收期）白天 25～28 ℃，夜间 15～20 ℃。

（3）在冬季就要加强保温措施，达到一定温度后及时放风，特别是夜间注意保温。

（4）阴天时，要尽量争取光照，特别是遇到连阴天，更要争取光照，防止徒长。

9　系统维护

（1）滴肥液前先滴清水 5～10 min。

（2）肥液滴完后再滴清水 10～15 min。

（3）滴施有机肥后一定要滴清水至少 30 min，将肥液冲出滴灌管道，以延长设备使用寿命，防止肥液结晶堵塞滴灌孔。

（4）发现滴灌孔堵塞时可打开滴灌带末端的封口，用水流冲刷滴灌带内杂物，可使滴灌孔畅通。

设施蔬菜无农药残留生产技术

1　适用范围

本技术针对设施蔬菜，尤其是北方地区（东北）设施蔬菜（水果）的生产过程中，耕作强度大、复种指数高、农药施用量大、频度高，所生产的蔬菜果品易产生农药残留的实际问题，综合采用臭氧防控技术、物理防治技术及生物防病虫技术，在经济、产量等条件允许的情况下，减少、替代农药的使用，降低设施农产品农药残留风险，提升设施蔬菜、果品品质。本技术适用于北方保护地蔬菜（水果）无农药残留生产。

2 目标控制

无农药残留蔬菜是指设施内商品蔬菜（水果）农药残留量依据国家安全检测标准，量性分析有害农药不得检出；快速检测酶抑制率在 10％以下；假阳性植物酶抑制率在 20％内，远低于国家安全标准酶抑制率 50％。

生产无农药残留蔬菜（水果）的主要技术措施是以农业防治为基础，优先使用臭氧应用技术、物理防治技术、生物防病虫技术，协调应用其他防治技术，把病虫危害控制在经济允许水平以下，使设施蔬菜（水果）产品无农药残留。

3 综合控害原则

以农业措施为基础，尽量采用臭氧防治技术、物理、生物防治技术等方法。特殊情况下，必须使用化学农药时，采用安全、高效的低毒农药，严格执行 GB 4285—1989 农药安全使用标准和 GB 8321.1—2000～GB 8321.6—2000 农药合理使用准则，最终使上市蔬菜（水果）产品无农药残留或安全使用可降解农药让其彻底分解，经检测无危害人类健康的农药成分存在。

4 防治措施

4.1 农业防治

通过选用抗病品种，采取健身栽培、合理轮作等一套农业措施，提高蔬菜（水果）抗逆性，减轻病虫危害。

（1）因地制宜选用高抗逆品种。

（2）适时播种。要根据当地气象预报和蔬菜品种特性，选择适宜的播期。

（3）培育壮苗。采用工厂化育苗技术，通过化学调控、物理防治等技术培育壮苗，增强幼苗抗病力。

（4）深翻整地，施足腐熟有机肥，合理轮作、间作、套种。深翻可促进病残株、落叶在地下腐熟，并将地下病原菌、害虫翻到地表，不利于其越冬，减少病源、虫源。

（5）改进栽培方式，加强田间肥水管理。控制温室、大棚的生态条件，防止病害发生。

（6）嫁接防治土传病害。通过嫁接换根，提高蔬菜作物的抗病能力，防止枯萎病、根结线虫等病虫害的发生。

4.2　物理防治

（1）利用防虫网技术防治。防虫网具有阻隔害虫进入棚室内危害作物和繁殖作用，大大减少害虫对作物危害，减少或不施用农药，确保蔬菜（水果）作物无农药残留。使用方法：夏秋季在大棚温室前底角和顶端放风口各覆盖一块1～1.5 m宽的防虫网，中间膜布覆盖，长度随大棚温室长度而定，从而防止害虫进行棚室内繁殖危害和繁殖，同时保证温室的通风透气，防止因暴雨直接拍打而造成作物损伤，保护作物健康生长。无虫害不施药，排除有害农药残留。

（2）利用光照调节技术进行防治。利用阳光晒种杀虫灭菌；使用遮阳网防止夏季强光和高温抑病；使用镀铝聚酯反光幕可以增温、降温、防止病害发生；使用多功能膜可以防病、抑虫、除草。

（3）利用害虫的趋光性进行防治。使用黑光灯等诱杀光源可以诱杀多种害虫；使用黄板、蓝板或白板诱杀害虫；使用银灰膜或银灰拉网、挂条驱避害虫。

（4）利用热能进行防治。晒种、温汤浸种等高温处理种子；高温处理技术灭杀土壤中的病虫；高温闷棚抑制病情。

4.3　臭氧设施技术防治

利用臭氧专利技术，按照特定浓度（0.6 mg/L）杀灭真菌、细菌、病毒和害虫的若虫、卵，有利于改变植物呼吸状态、激活植物细胞、分解农药残留、促进作物健壮生长和增产、减轻植物病害虫危害、降低生产成本、做到设施蔬菜（水果）生产无农药残留，保障人们生命健康。

4.3.1 臭氧功能水防治

（1）土壤消毒。在棚室作物定植前，用 pH 1.5～2.0 臭氧液进行喷杀一次，翻地后再用同样浓度喷杀一次即可。

（2）作物灌根。育苗及定植期前后，用 pH 3.0～3.5 臭氧液灌根，既可消灭土传真菌性病害，又可防止各种细菌性腐烂病害，还可促进作物根系健壮生长，具有水、肥、药的功效。

（3）作物喷施。在作物整个生长周期内，用 pH 3.0～4.0 臭氧液均匀喷雾，防治各种真菌、细菌、病毒和若虫、卵（主要是蚜虫、红蜘蛛、班潜蝇等）。施用时间在早上露水干时或下午 3～4 时放帘前进行，避开高温和强光时段。同时，特别注意喷施时要仔细、均匀，因臭氧水作用机理是触杀，只有触及到位才有作用；花期还要注意 pH 不要太高，适宜 pH 为 4.0。

4.3.2 臭氧（O₃）气体防治

臭氧水喷施棚室作物效果要好于臭氧气体熏蒸，在棚室阴天或夜间用臭氧气体熏蒸效果也很好。施用方法为：在设施棚室中，阴天或夜间时段将臭氧喷雾机内放入少量水，打开封盖；起始在棚室顶端 10 米处开机放置 20 分钟，然后每隔 20 米放置 20 分钟，以此类推到结束。这样闷棚一夜，将很好地预防、杀灭棚内杂菌，通过气体熏蒸起到防病治病目的。同时注意喷壶开口不要正对着作物，以免熏坏作物叶片。

4.4 生物防治

4.4.1 虫害防治

（1）以虫治虫。主要包括：瓢虫、草蛉、食蚜蝇、猎蝽等捕食性天敌的利用；赤眼蜂、丽蚜小蜂等寄生性天敌的利用；捕食性蜘蛛和螨类的利用。

（2）以菌治虫。主要包括：利用苏云金杆菌（Bt 乳剂）、杀螟杆菌（粉剂）、青虫菌（粉剂）等细菌性制剂；利用蚜霉菌、白僵菌、绿僵菌等真菌性制剂；利用核型多角体病毒（NPV）制剂；利用阿维菌素类抗生素；利用微孢子虫等原生动物来防治各类害虫。

（3）植物源农药防治。利用藜芦碱醇溶液、苦楝、烟碱等植物源农药防治多种害虫。

（4）利用齐墩螨素（虫螨克乳油、阿维菌素）对螨类和昆虫具有畏毒和触杀作用，并有横向渗透传导作用，在蔬菜上应用分解快，无残留。

4.4.2 病害防治

可以利用拮抗微生物，如 5406 菌肥、木霉素、枯草杆菌 B1 等；利用病原物的寄生物，如黄瓜花叶病毒卫星疫苗 S52 和烟草花叶病毒弱毒疫苗 N14；利用非生物诱导抗性，如苯硫脲灌根诱导菜株对黑星病的抗性，使用草酸盐喷洒黄瓜下部 1～2 叶，产生对炭疽病的抗性等；还可以使用井岗霉素、多抗霉素、庆丰霉素、农抗 120、B0-10（武夷霉素）、农用链霉素及新植霉素等农用抗菌素和抗菌素菌剂 401、402（人工合成的大蒜素）等植物抗菌剂。

4.5 不用或合理使用化学农药

无农药残留蔬菜生长并非完成不使用化学农药，而是尽量不用。特殊情况下，化学农药是防治蔬菜病虫害最终的有效手段，特别是当病害流行、虫害爆发时更是有效的防治措施，关键是如何科学合理地加以使用，达到既要防治病虫危害，又减少污染的目的，使上市蔬菜中的农药残留量控制在允许的国家安全标准范围内。要做到合理使用化学农药，需要注意以下几点：

（1）熟悉病虫害种类，了解农药性质，做到对症下药。

（2）严格执行国家有关规定，禁止使用高毒高残留农药。禁用农药主要有：六六六，滴滴涕，毒杀芬，二溴氯丙烷，杀虫脒，二溴乙烷，除草醚，艾氏剂，狄氏剂，汞制剂，砷、铅类，敌枯双，氟乙酰胺，甘氟，毒鼠强，氟乙酸钠，毒鼠硅；甲胺磷，对硫磷（1605），甲基对硫磷（甲基 1605），久效磷，磷胺；苯线磷，地虫硫磷，甲基硫环磷，磷化钙，磷化镁，磷化锌，硫线磷，蝇毒磷，治螟磷，特丁硫磷。限用农药主要有：禁止甲拌磷（3911），甲基异柳磷，内吸磷（1059），克百威（呋喃丹），涕灭威（神农丹、铁灭克），灭线磷，硫环磷，氯唑磷在蔬菜、果树、茶叶和中草药材上使用；禁止氧乐果在甘蓝上使用；禁止灭多威在柑橘树、苹果树、茶树和十字花科蔬菜上使用；禁止硫丹在苹果树和茶树上使用；禁止溴甲烷在草莓和黄瓜上使用；除卫生用、玉米等部分旱田种子包衣剂外，禁止氟虫腈在其他方面使用。

（3）关按照《农药管理条例》规定，任何农药产品都不得超出农药登记批准的使用范围使用。

（4）掌握正确的施药技术。

① 正确掌握用药量。应按照农药使用说明书上标明的使用倍数或亩用药量幅度范围的下限用药，不得随意增减。配药时需要使用称量器具，如量筒、量杯、天平、小称等。

② 在防治效果不佳时采用交替轮换用药，正确复配、混用，防止病虫产生抗性。

③ 选择适当的施药方式，使用合适的施药器具。常用的农药使用方法有喷雾法、喷粉法、撒施法、拌种法、种苗浸渍法、涂抹法、毒饵法、熏蒸法和土壤处理法等。可根据病虫为害特点在用药方式上进行有针对性的防治，食叶和刺吸叶汁的用喷雾、喷粉等方式，地下害虫和病害用灌根的方法，蜗牛、野蛞蝓专用颗粒剂，保护地可用粉尘、烟剂和土壤熏蒸剂等。

（5）加强病虫测报，经常查病查虫，掌握田间病虫情况，选择有利时机进行防治。

（6）严格执行农药安全间隔期 7～10 d，保证蔬菜采收上市时无农药残留或不超过国家安全标准。

设施栽培秸秆轻简化高效还田技术

1 适用范围

本技术是辽宁现代生态农业基地在生产实际上总结而成，规定了玉米、水稻秸秆轻简化高效还田的术语和定义、秸秆还田操作流程、秸秆还田操作要求、作业质量指标、作业质量检测方法、水肥管理要点。

本标准适用于北方一年两茬或越冬长季节设施栽培条件下秸秆还田。

2　引用文件

本技术重点参考了以下国家标准、行业标准和地方标准，主要包括：

GB/T 25246—2010　畜禽粪便还田技术规范

JB/T 6678—2001　秸秆粉碎还田机

NY/T 1701—2009　农作物秸秆资源调查与评价技术规范

NY/T 1004—2006　秸秆还田机质量评价技术规范

NY/T 500—2002　秸秆还田机作业质量

DB 32/073—1994　农业机械安全操作规程

DB 32/T 1174—2007　秸秆还田机械操作规程

3　术语和定义

3.1　秸秆

指玉米、水稻在收获籽粒后除去根茬的剩余部分。

3.2　设施栽培

指在露地不适于园艺作物生长的季节（寒冷或炎热）或地区，利用特定的设施（连栋温室、日光温室、塑料大棚、小拱棚和养殖棚），人为创造适于作物生长的环境，以生产优质、高产、稳产的蔬菜的一种环境可控农业。

3.3　秸秆轻简化高效还田

相对于秸秆生物反应堆技术人力物力投入大，及常规秸秆还田技术还田质量不高、发酵效果不佳所提出的新式秸秆还田技术。

4 秸秆轻简化高效还田操作流程

主要包括清理棚室、铺撒有机肥、粉碎秸秆、铺撒秸秆、铺撒无机肥、铺撒发酵剂、机械旋耕、灌水、覆膜高温发酵和起垄定植等技术要点。

5 操作要求

5.1 对还田地块的要求

（1）还田地块最好为早春＋秋冬一年两季的种植模式，或越冬长季节栽培夏季休闲模式，在早春茬之后或长季节栽培夏季休闲期，严格清理上茬作物废弃枯枝落叶及病残体。

（2）田块中残破的农用地膜清理干净。

（3）田块中滴灌、浇灌设备撤离到不影响农事操作的区域。

5.2 秸秆还田时间

每年夏季，换茬之前预留 20 d 以上开展还田工作。

5.3 秸秆还田数量

玉米或水稻秸秆还田数量控制在 7 500～9 000 kg/hm²。

5.4 秸秆还田的频次

正常情况下秸秆的还田频次为每年一次，如发现土壤中残余较多上年未腐解秸秆，可隔年再还。

5.5 对秸秆粉碎机的要求

选用的秸秆粉碎机符合 JB/T 6678—2001 和 NY/T 1004—2006 的规定。

5.6 对秸秆的要求

（1）玉米或水稻秸秆采用秸秆粉碎机切碎的长度在 8～10 cm。

（2）避免使用有严重病虫害的玉米或水稻秸秆。

5.7 秸秆粉碎铺撒过程

将符合还田标准的秸秆运输至设施菜地田块，使用秸秆粉碎机粉碎秸秆，人工将粉碎秸秆均匀铺撒于田地表面。

5.8 配施有机无机肥数量

每公顷田地施用未腐熟有机肥 75～105 t；按照每 100 kg 秸秆施 $N0.8～1.4$ kg、$P_2O_5 1～1.6$ kg 的标准为宜。

5.9 发酵剂的施用

秸秆发酵剂的施用数量参照具体产品说明，发酵剂可与菜田土混合均匀后撒施于铺撒好的秸秆表面。

5.10 机械翻压的要求

待有机无机肥料、粉碎秸秆、秸秆发酵剂铺撒完毕后，使用旋耕机对田块进行旋耕翻压，旋耕深度 20 cm 以上，旋耕翻压 2～3 次。

5.11 灌水的要求

对旋耕翻压后的田块进行大水漫灌，灌溉的数量为 300～450 m^3/hm^2。

5.12 覆膜发酵的要求

充分灌水后，用塑料膜将田块覆盖，四周用干土盖严，同时关闭设施大棚所有放风口，高温发酵 20 d。

6 作业质量指标

本规程中作业质量指标是在一般作业条件下确定的：水稻及玉米秸秆粉碎时含水量为 5%～8%（表 1）。

表 1 作业质量指标

项 目	指 标	
	水 稻	玉 米
合格切碎长度（mm）	≤100	≤80
合格切碎宽度（mm）	—	≤10
切碎长度合格率（%）	≥90	≥90
秸秆翻埋率（%）	≥70	≥80

7 作业质量检测方法

7.1 粉碎长度合格率的测定

在粉碎秸秆堆上随机选 5 点，每点抓取 1 kg 左右秸秆，将采集的 5 点秸秆混合，称量混合样质量，然后挑取其中长度不合格的秸秆，并称量秸秆质量。

切碎长度合格率按照式（1）计算：

$$F_l = (m_t - m_b)/m_t \tag{1}$$

式中：

F_l——切碎长度合格率，%；

m_t——样品秸秆总质量，kg；

m_b——不合格长度秸秆质量，kg。

7.2 秸秆翻埋率的测定

粉碎秸秆铺撒均匀后，随机选取 1 m² 大小区块，收集区块内秸秆，分别称量秸秆质量，称量完毕将秸秆还回，采用秸秆翻埋机对田块处理，翻埋结束后，再随机选取 1 m² 区块，收集区块表面秸秆，分别称量秸秆质量。

秸秆翻埋率按照式（2）计算：

$$F_b = \left(\sum m_t - \sum m_s\right)/\sum m_t \tag{2}$$

式中：

F_b——秸秆翻埋率，%；

m_t——各样品秸秆总质量，kg；

m_s——各地表秸秆质量，kg。

8 水肥管理要点

（1）秸秆还田后，种苗定植后保持土壤湿润，浇水量要比传统管理多 1/4～1/3。

（2）保持氮肥总用量与无秸秆还田基本一致。适度增加前期施肥比例，基肥、苗期、第一果膨大期施肥量分别增加 10%。

第八章

规模化养殖区尾水生态净化技术

低浓度畜禽养殖尾水生态净化塘构建技术

1 适用范围

本技术是在农业部现代生态农业基地——江苏宜兴生态养殖场实际生产应用中提炼而成,规定了畜禽养殖厂经处理后的低浓度尾水生物净化处理技术的要求、操作工艺、生产管理、检测规则和方法,适用于采用干清粪工艺,配套干湿分离、雨污分离、固液分离、厌氧发酵或 A/O 生化处理后的低浓度污水,COD 浓度一般在 2 500 mg/L 以下,SS 浓度在 200 mg/L 以下,可生化性较好,杂质含量少,但又未能达到禽畜养殖业污染物排放标准。

2 引用文件

本技术重点参考了以下国家标准和行业标准,主要包括:

GB 5084—2005　农田灌溉水质

GB 7959—1987　粪便无害化卫生标准

GB 8978—1987　污水综合排放标准

GB 18596—2001　禽畜养殖业污染物排放标准

NY/T 682—2003　畜禽场场区设计技术规范

NY/T 1168—2006　畜禽粪便无害化处理技术规范

NY/T 1169—2006　畜禽场环境污染控制技术规范

NY/T 1568—2007　标准化规模养猪场建设规范

GJJ/T 54—1993   污水稳定塘设计规范

HJ 2005—2010   人工湿地污水处理工程技术规范

3 术语和定义

3.1 三分离

指雨水和养殖污水分离、畜禽粪和尿分离、排污水固体和液体分离。

3.2 低浓度尾水

指标准化养殖场，经过三分离和预处理的养殖废水，其 COD 浓度一般在 2 500 mg/L 以下，SS 浓度在 200 mg/L 以下。

3.3 生态净化

通过自然或人工构建的一个水生生态系统，其中的各种生命体、非生命物质将进入这个系统的污染物质通过富集与扩散、合成与分解、拮抗与协同等多种过程，达到消除污染物目的。这些过程通常发生在系统内部，且与系统的物质循环和能量流动紧密联系。

4 要求

4.1 场地要求

生物净化场地选址应在养殖场常年风向的下风侧，与居民住宅的距离应符合卫生防护距离的要求。选址地势平坦略低于养殖场区，易于自流排水。塘址选择必须考虑排洪设施并应符合该地区防洪标准的规定。

4.2 粪、尿沟建设

按 NY/T 682—2003 和 NY/T 1568—2007 标准要求执行。

4.3 雨污、粪尿分流

按 NY/T 682—2003 和 NY/T 1169—2006 标准要求执行。

4.4 清理的畜禽粪便

按 NY/T 1168—2006 要求，进行无害化处理，达 GB 7959—1987 标准后，作有机肥料施用。

4.5　养殖场污水排放量

养殖场每日污水排放量应符合 GB 18596—2001 畜禽养殖业污染物排放标准。

4.6　养殖场设计的污水处理量

按照 GB 18596—2001 标准，每 30 只蛋鸡折算成一头猪，每 60 只肉鸡折算成一头猪，一头奶牛折算成 10 头猪，一头肉牛折算成 5 头猪。按 1 000 头猪为单位，每天处理 18 m^3 污水量进行设计。

4.7　污水处理工艺流程要求

养殖污水包括收集的冲洗水和冲圈水，经过絮凝、沉淀、固液分离和化粪池等处理后，固体部分与清理的干粪一起进行处理，液体部分通过厌氧、稳定塘、生态沟、生物塘等进行生物处理。

4.8　过滤栅格参数要求

污水沟渠管道沿途设计粗细格栅，用于过滤动物毛发和其他纤维性杂物。养殖场污水管（渠）道需配置一道主格栅和两道细格栅，每个格栅平面尺寸应不小于沟渠管道横截面积，粗格栅栅条间隙 25 mm，细格栅栅条间隙为 15 mm，设置倾角为 45°。

4.9　低浓度尾水生物净化处理进水水质要求

指标准化养殖场，需要经过三分离和厌氧预处理的养殖废水，进入稳定塘的污水水质，COD≤2 500 mg/L，SS≤200 mg/L，氨氮≤800 mg/L，TP≤100 mg/L。

5　尾水净化流程设计规范

5.1　稳定塘

（1）采用厌氧塘、兼性塘和好氧塘三塘系列，或单独兼性塘（面积超过三塘），稳定塘建设按 GJJ/T 54—1993 标准执行。采用矩形塘，长宽比大于 2∶1，土坝外坡坡度为（2～4）∶1，内坡坡度宜为（1～3）∶1。池底和边坡应采取防渗、防侵蚀措施，稳定塘系统应在入流处和处流处安装计量装置。为防止稳定塘恶臭向厂外散发，周边需要种植的绿化林带应不小于 10 m。

（2）系列稳定塘应预留一定高度空间，以防止紧急情况需要超高水位运行，预留高度按大于当地 25 年一遇 24 h 降雨量设计。进水口应接到塘的地步，进水口坝应比排水口坝高 0.3～0.4 m。堤坝应高出塘外部农田 0.4～0.5 m。避免降雨时外部田间径流汇入稳定塘。塘坝为硬质堤坝，宽度不小于 1.0 m。

（3）多塘系统的高程设计应使污水在系统内保持自流。若需提升时宜一次提升。按每千头猪单位计算配置，提升水泵的流量宜为 4～8 m³/h。

（4）厌氧塘应安装推流器，每 2 000 m³ 有效容积设置一台功率不小于 0.74 kW 的推流器，每天应间歇运行，累计运行 1～2 h，保证污泥成悬浮状态。

（5）兼性塘内应挂设生物膜载体填料，体积不少于兼性塘有效容积的 1/15。

（6）应从好氧塘出口处回流部分出水到兼性塘进水处，回流水量为兼性塘有效容积的 1/8～1/6，配置事宜流量的水泵，保持 24 小时一直回流。

5.2　生态沟要求

（1）在稳定塘下一级设置生态沟，生态沟亦参照 GJJ/T 54—1993 标准，生态沟宽 6～10 m，有效水深 0.4 m。为减少占地长度，生态沟可采用"S"型路流水方式，增长水流路径。水力负荷 <0.1 m³/m²·d。

（2）生态沟内按照季节种植挺水植物，冬季需对植物收割后，可用浮床置于水面，种植冬季植物（如水芹），生态沟水面两侧种植较高的绿化植物，以美化环境、阻挡异味。

（3）植物种植的时间宜为春季。植物种植密度可根据植物种类与工程的要求调整，浮水植物塘水面应分散地留出 20%～30%的水面。

5.3　生物塘

（1）生物塘建设按 GJJ/T 54—1993 标准执行，用于种植浮水植物、沉水植物、放养水生动物。采用矩形塘，长宽比大于 2∶1，土坝外坡坡度为（2～4）∶1，内坡坡度宜为（2～3）∶1 塘底应平整并略具坡度，坡度≥0.5%，倾向出口。

（2）生物塘应预留一定高度空间，以防止紧急情况需要超高水位运行，预留高度按大于当地 25 年一遇 24 h 降雨量设计。进水口应接到塘的地步，进水口坝应比排水口坝高 0.3～0.4 m。堤坝应高出塘外部农田 0.4～0.5 m。避免降雨时外部田间径流汇入稳定塘。塘坝为硬质堤坝，宽度不小于 1.0 m。

（3）生物塘内应种植沉水、浮水或挺水植物，并放养鱼虾。

5.4　渗滤池

（1）污水处理最后一级，池内充满各种填料，表层覆盖土壤种植植物从表面进水，依靠重力底部渗出的方式进行运行，主要通过填料、植物和微生物的协同作用，通过物理沉淀、生物吸附、生物吸收等作用，去除污水中的有机物、氮、磷、重金属等污染物质。渗滤池的水力停留时间选择 5 d，千头猪场需要 90 m³ 的容积。

（2）渗滤池由 4 层组成，从上至下依次为：表层为覆土后 0.2 m 左右，种植耐水植物；多孔复合吸附填料（直径 5～20 mm）0.2 m；多孔复合除磷填料（直径 5～20 mm）0.4 m；鹅卵石（直径 20～50 mm）0.4 m。

（3）池体采用砖砌结构，基础深入地下 0.3 m 以上，内部采用水泥砂浆进行处理，在填料下料前，可采用两布一膜（即采用 1.0 mm 厚薄膜，两边衬垫土工布）进行防渗。

5.5　各级处理环节参数

5.5.1　稳定塘等环节设计参数要求

表 1　各级处理环节参数设计要求（按千头猪折算）

各级处理环节	进水量（m³/d）	水力停留时间（d）	有效容积（m³）	有效水深（m）
稳定塘	18	90	1 620	2
生态沟	18	45	810	0.4
生物塘	18	30	540	1
渗滤池	18	5	90	1.5

5.5.2　稳定塘等处理环节出水口水质上限

表 2　各级处理环节出水口水质上限要求

各级处理环节	BOD5（mg/L）	COD（mg/L）	TP（mg/L）	氨氮（mg/L）
发酵池	1 000	2 000	100	1 200
稳定塘	200	500	20	250
生态沟	50	120	8	60
生物塘	30	60	5	30
渗滤池	10	30	1	10

注：表中数据为最高标准。

5.6　水生植物选取原则

（1）所选植物应具有良好的生态适应能力和生态营建功能，对水质有良好的适应性的攀缘植物。

（2）优先选择本土植物，筛选出净化能力强、抗逆性（耐热、抗寒、耐污）相仿的植物，减少管理上尤其是对植物体处理上的许多困难。

（3）所选植物应具有很强的生命力和旺盛的生长势。①有良好的抗冻、抗热能力。②抗病虫害能力强。③对周围环境的适应能力强。

（4）所引种的植物须具有较强的耐污染能力。水生植物对污水中的 BOD5、CODcr、TN、TP 主要是靠附着生长在根区表面及附近的微生物去除，因此应选择根系比较发达，对污水承受能力强的水生植物。

（5）考虑多种植物综合利用，即可达到较好的处理效果，也能营造良好的生态景观环境。

（6）水生植物推荐目录

①挺水植物：芦苇、蒲草、水葱、香蒲、千屈菜、菖蒲、水麦冬、风车草、灯芯草、垂柳（灌木柳）、中山杉、红蓼、黄花鸢尾、美人蕉、再力花等。

②浮水植物：浮萍、睡莲等。

③ 沉水植物：伊乐藻、茨藻、金鱼藻、黑藻、眼子菜、狐尾藻、苦草等。

5.7 排水达标要求

经过生物净化处理后向外排放水质应符合 GB 8978—1996 二级水标准。

5.8 安全警示

稳定塘、生态沟、生物塘、渗滤池等均要设置明显的安全警告标识。

6 养殖污水生物净化处理工艺流程和操作技术

6.1 养殖污水稳定塘＋生物净化处理流程

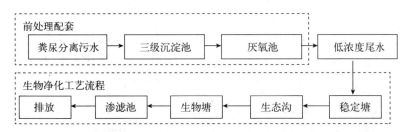

6.2 工艺和技术

（1）养殖场废弃物需要干清粪、固液分离技术相配合，不能将粪便直接水冲进入处理系统。收集的固体部分通过堆肥处理。

（2）污水从三级过滤池进入厌氧池需要通过动力泵控制，其他所有环节无需动力，通过不同环节的落差自流即可。动力泵采用水位自控装置，超过一定水位即可启动。

（3）厌氧塘出水采用溢流自流方式或泵提升方法流入兼性塘，若采用水泵提升方法，每天开机 3～4 小时，总抽水量为 180 m³。兼性塘到好氧塘也为自流方式。

（4）厌氧塘推流器白天间歇工作，每隔 2～3 h 运行一次，每次 20～30 min。

（5）每天 24 小时从好氧塘出水处通过水泵抽水回流至兼性塘

进水处，调节流量，使回水量为兼性塘有效容积的 1/8～1/6。

（6）经过三级稳定塘处理的达标污水排放进入人工湿地，使污水得到进一步净化。

（7）按人工湿地植物选择原则，合理配置人工湿地植物品种。

（8）按生长季节和气候和水生植物生长规律，定期补充或更换湿地植物。

表 3　部分水生植物季节特征

植物类型	春季（3～4 月）	夏季（5～9 月）	秋季（10～11 月）	冬季（12 至翌年 2 月）
挺水植物	石菖蒲、灯芯草、香蒲、黄花鸢尾、垂柳（灌木柳）等	所有挺水植物		水芹
沉水植物	伊乐藻、菹草、黄丝草、金鱼藻、红线草等	黄丝草、金鱼藻、黑藻、苦草、红线草等	黄丝草、穗状狐尾藻、黑藻、苦草、红线草	黄丝草、穗状狐尾藻、伊乐藻、菹草、红线草
浮水植物		浮萍、睡莲		

（9）根据水生植物生长情况，适时打捞、采收人工湿地水生植物，按各自经济利用性能进行处理，无法直接利用的可以在破碎后进行挤压脱水。挤压水进入化粪池处理，脱水渣作为分别堆肥的辅助原料。

6.3　生产管理

（1）养殖场严格按照相关的国家标准和规范进行养殖和排放。

（2）及时维护联通管道、维持水泵正常运转。

（3）在雨季按防洪要求控制好各级稳定塘和生态沟的运行水位。

（4）每日定时巡查稳定塘安全运行情况。

7　检测规则和检测方法

（1）发酵池的进出口应安装计量装置，每日记录流量。

（2）养殖场污水和各级稳定塘出水按 GB 18596—2001 规定的检测方法检测各项污染物质，每周检测一次。

（3）湿地出水按 GB 897—1996 污水综合排放标准规定的检测方法检测水质，每半月检测一次。

秸秆吸附固持畜禽养殖粪污水与堆肥技术

1 适用范围

本技术规定了利用农作物秸秆吸附固持畜禽养殖粪污水与吸附固持后秸秆堆肥技术操作过程中，应遵循的基本原则、技术要求、操作方法等，适用于以农作物秸秆吸附固持畜禽养殖场所产生粪污水的减排及其资源化工程。

2 引用文件

本技术重点参考了以下国家标准和行业标准，主要包括：

GB 18596—2001　禽畜养殖业污染物排放标准

GB 7959—1987　粪便无害化卫生标准

GB 3095—1996　环境空气质量标准

GB 14554—1993　恶臭污染物排放标准

NY/T 1168—2006　畜禽粪便无害化处理技术规范

HJ/T 81—2001　畜禽养殖业污染防治技术规范

HJ 497—2009　畜禽养殖业污染治理工程技术规范

CJJ/T 30—1999　城市粪便处理厂（场）设计规范

CJJ/T 30—1999　城市粪便处理厂运行、维护及其安全技术规程

3 术语和定义

3.1 养殖粪污水

畜禽养殖过程中动物排泄尿液、冲洗水和部分粪便或全部粪便等组成的混合物，为液态流体。

3.2 农作物秸秆

即水稻、小麦、玉米、棉花、薯类、油料、甘蔗等农作物成熟收获后的植株残体。

3.3 吸附

即以农作物秸秆为吸附材料，通过物理或化学方式，吸持污水中水分、可溶性物质和各种不溶性悬浮固体，达到污水固形化效果。

3.4 固持

即通过农作物秸秆的物理作用，使来自畜禽养殖粪污水中固体不溶物与部分可溶性物质被滞留在秸秆材料中。

4 基本原则

4.1 适用性原则

应针对养殖场养殖动物种类、规模、圈舍设计、场地条件及周边秸秆资源状况，合理选择秸秆吸附固持工程措施，所建工程应综合成本低廉、操作简便及秸秆资源充足，可以实现长效运行与管理。

4.2 资源化原则

以秸秆为吸附材料，吸附固化污水后，应及时采用堆肥发酵、厌氧发酵或压块成型等方式，对吸附固持畜禽养殖粪污水后的秸秆材料进行有效处理，并通过肥料化或能源化技术途径加以资源化利用。

4.3 安全性原则

农作物秸秆为可燃性生物质材料，在秸秆吸附材料存储、运输和使用过程中，应使秸秆材料远离火源和高温环境，避免造成火灾事故；养殖粪水及其吸附秸秆后的材料，往往含有病原菌，应在转移与处置过程中，注意采用卫生防护隔离措施，避免人畜共患病的扩散传播。

4.4 环境兼容性原则

利用秸秆吸附固持养殖粪污水及其后续吸附材料处置过程工程

操作，往往会产生恶臭气体散发，应采用适当措施加以处置，避免产生恶臭污染。粪污水与吸附固持过粪污水物料运输过程中，应避免污水跑冒滴漏，污染沿途环境。处理产物形成的，应进行养分、重金属等检测，农田使用适用应注意适时适量，避免产生新环境风险。

5　舍内吸附固持要求

5.1　垫圈吸附固持

（1）无漏粪板养殖舍，可采用秸秆垫圈方式，吸附动物生长过程产生的粪尿。

（2）垫料应尽量选择质地柔韧性好、吸附能力强的秸秆材料如稻秸、麦秸等；若采用木质化程度较高的秸秆材料如玉米秸、棉花秸等，需要进行破碎或粉碎处理，以免划伤动物身体，尤其腿蹄等部位。

（3）可采用批次垫圈或连续添加垫料的方式进行。批次垫料厚度以 20～30 cm 为宜，每月出料一次；连续添加垫料，每次添加厚度 3～5 cm，每 5～7 d 添加一次，每月或每个饲养周期出料一次。采用打捆秸秆，秸秆捆密度应控制在 0.08～0.25 t/m^3，秸秆捆表面应覆盖 10～15 cm 厚度的木屑或破碎秸秆。

5.2　渗漏板下吸附固持

（1）在建有漏粪板养殖舍，采用秸秆铺垫在漏粪板下的方式，以吸附动物生活过程产生的全部尿液、冲圈水及粪便。

（2）在建有漏粪板养殖舍，采用秸秆铺垫在漏粪板下的方式，以吸附动物生活过程产吸附材料应尽量选择打捆秸秆，直接置于漏粪板正下方。

（3）在建有漏粪板养殖舍，采用秸秆铺垫在漏粪板下的方式，以吸附动物生活过程产待秸秆吸附水分达到 75% 左右，即在出现地面有流淌粪水现象前，应立即更换新料。

（4）在建有漏粪板养殖舍，采用秸秆铺垫在漏粪板下的方式，以吸附动物生活过程产渗漏板下可设计传输带，秸秆捆放置在传输带上，从而可使秸秆捆进出料实现自动化作业。

6 舍外吸附固持要求

6.1 养殖场区内舍外吸附固持

6.1.1 吸附固持地点选择 养殖场舍外集中吸附固持地点选择，应设立在养殖场生产区和生活管理区常年风向的下风或侧风向处，与主要生产设施距离保持 100 m 以上防护距离，应按照 NY/T 682—2003 进行设计。

6.1.2 养殖粪污水管网建设 养殖场建立完善的污水管网系统，实施雨污分流。粪污水管网设施应按照 NY/T 682—2003 进行设计。

6.1.3 粪污水储存池建设

（1）储存池建设位置距离地表水体不得小于 400 m。

（2）储存池形状为圆柱形，储存池容量最小容量应不小于养殖场一天粪污水产生量，以能储存 3～5 d 养殖场所产粪污水总量为宜。

（3）储存池必须做防渗处理，避免污染地下水。

（4）储存池应采取加盖或搭建雨棚，池上沿口应高出地面 20 cm 以上，以防雨水及地表径流侵入。

（5）储存池旁必须设立明显的警示标志和围栏等设施，确保人畜安全。

（6）储存池中应安装搅拌装置。

6.2 养殖区域外收集与集中吸附固持

6.2.1 工程选址 应有利于分散养殖场粪污水收集及资源化利用，并留有扩建的余地，方便施工、运行和维护，对周边居民生活不造成气味、噪声等干扰，其他选址要求参照《畜禽养殖业污染治理工程技术规范》（HJ 497—2009）有关规定执行。

6.2.2 收集范围 畜禽养殖粪污水收集半径最大不超过 10 km，能收集域内各种动物养殖产生的粪污水进行集中吸附固持处理。

6.2.3　被收集养殖场（户）场区内，应建立完善的雨污分流设施和污水管网，建立最小储存容量不低于 15 d 污水产生量的粪污水临时储存池，储存池建设位置必须方便吸粪车进出和吸粪转移作业，且符合动物防疫要求的安全距离。

6.2.4　粪污水收集与运输　畜禽粪污水运输必须采用封闭式专用车辆，运输途中不得产生跑冒滴漏，杜绝沿途污染环境。进出集中处理点必须对车辆进行消毒处理。对发生疫情的养殖场，不得对其粪污水进行收集集中处理。

6.2.5　吸附固持地点　应建有粪污水储存池，要求同 5.2.3。

6.3　吸附固持场地面积

应依据收集粪水量和秸秆材料形态确定。采用松散非打捆秸秆吸附，日每收集 1 t 污水，吸附场地面积应控制在 $30\sim50$ m²，即对于日收集 50 t 粪水处理中心，应设置 $1\,500\sim2\,500$ m²；采用打捆秸秆吸附，日每收集 1 t 污水，吸附场地面积因控制在 $10\sim30$ m²，即对于日收集 50 t 粪水处理中心，应设置 $500\sim1\,500$ m²。

6.4　吸附场地及构筑物

（1）吸附场地应做防渗处理，避免污染地下水。

（2）吸附场地周边应构筑挡水墙，墙体高出地面不低于 20 cm，并在吸附场地内设置导流渠和排水沟，排水沟连通污水储存池，确保未被吸附的污水经导流渠和污水沟流回污水储存池，不造成污水漫溢，且通过当水体墙体的阻拦作用，污水不溅沾到吸附场地以外区域，污染环境。

（3）通风装置　可在吸附场地埋置通风管，通风管壁朝上一侧打通风孔，通风管埋置密度和通风孔设计密度视秸秆密度、堆高和喷淋量而定，采用高压风机供风，日通风量控制在 $1\,000\sim5\,000$ 倍秸秆堆体积量，可采取每天定期供风 $3\sim5$ 次。喷淋时，应通风系统停止供风。

（4）吸附固持粪污水秸秆材料可采用松散秸秆或打捆秸秆，松散秸秆堆高应控制在 3 m 以下，打捆秸秆堆高应控制在 2.5 m 以下。

（5）吸附场地应构筑避雨大棚，大棚顶高不低于5.5 m，檐口高不低于4.2 m。排放气体恶臭气味浓，对周边居民生活造成干扰的，应采取封闭作业，恶臭气体应集中收集进行脱臭处理，排放的尾气应达到《恶臭污染物排放标准》（GB 14554—1993）规定的排放要求。

6.5　喷淋吸附固持技术要求

6.5.1　喷淋方法　养殖污水采用机械喷淋吸附方法或人工浇灌方法，喷淋或浇灌在农作物秸秆（捆）上。采用机械喷淋方式，应配置污水泵、污水管及喷淋头，架设喷淋头固定装置，并在污水泵前段设置污水过滤装置。滤网孔径大小依据采用的喷淋头孔径大小而定，应防治在喷淋过程中发生堵塞现象。过滤装置应易拆卸清洗，尽可能采用带自动反冲洗功能的污水过滤装置。

6.5.2　喷淋操作技术要求

（1）应采用多喷淋头同时喷淋，喷淋污水流速以满足单次作业40％以上喷淋液被吸附为宜。每天喷淋作业2～5次，每次0.5～1.0 h。

（2）单批次秸秆材料总喷淋吸附时间宜控制在10～15 d，喷淋总次数30～50次，每吨秸秆喷水量2～4 t。批次结束时，秸秆含水率应为60％～80％。

7　吸附固持粪污水秸秆堆肥技术要求

7.1　工艺选择

已饱和吸附固持粪污水后秸秆，可以直接进行高温堆肥，也可以添加粪便、厨余垃圾等进行高温堆肥。高温堆肥工艺依据生产要求、物料性状进行选择。堆肥场地宽裕，为节省能耗可以不进行破碎，直接进行静态堆肥；堆肥场地紧张，为提高场地利用率可以对吸附物料进行破碎，破碎物料进行动态堆肥。

7.2　发酵控制

静态堆肥时，堆垛长度与宽度不限，高度控制3～4 m，20～30 d翻堆一次，堆肥60～90 d结束。安装供风系统，对堆垛采用强制通风，可以加速堆肥进程，可以使堆肥腐解时间缩短到 40～60 d。动态堆肥时，物料宜采取大型条垛堆肥，每天翻堆 1 次，堆肥腐熟时间一般在 30～45 d。无论是静态堆肥还是动态堆肥，堆肥温度 50 ℃以上必须维持 5 d 以上，55 ℃必须维持 3 d 以上，以通过堆肥产生的高温灭活粪水中可能携带的病菌，其卫生学指标（大肠菌群数和蛔虫卵死亡率）必须达到《粪便无害化卫生标准》（GB 7959—1987）规定的要求。

7.3　堆肥产物利用

经过高温堆肥吸附材料，腐熟后可以作为土壤改良剂直接还田，也可以加工成商品有机肥或植物育苗、栽培用基质。经过发酵工艺控制、养分调制及高温杀菌后，亦可以作为某些食用菌（如双孢菇）栽培基料使用。堆肥产物加工成商品有机肥销售，必须达到农业行业标准 NY 525—2002 所规定的要求。

附　录　A

一、沼液

沼液是沼气发酵残留物中的液体成分，沼液中保留着发酵过程中产生的有机、无机盐类，如铵盐、钾盐、磷酸盐等可溶性物质，其总固体含量<1%。沼液不仅含有丰富的 N、P、K、Ca、Fe、Zn、Mn、Mg 等元素，还含有丰富的氨基酸、B 族维生素、多种水解酶、某些植物激素（吲哚乙酸、乙烯等）以及对病虫害有抑制作用的活性成分。一般沼液中含有全氮 0.03%～0.12%，全磷 0.03%～0.10%，全钾 0.05%～0.09%。沼液中有多种活性物质，其中的丁酸、吲哚乙酸、维生素 B_{12} 等对病菌有明显的抑制作用。沼液中的氨和氨态氮、抗生素等对某些虫害有直接的防治作用。

二、沼渣

沼渣是沼气发酵残留物中的固体成分，即沼气发酵后的沉渣，pH 为 6.5～7.5。沼渣含有较全面的养分和丰富的有机物，其中有机质 36%～50%，腐殖酸 20%～35%，粗蛋白 5.0%～9.0%，全氮 0.8%～1.6%，全磷 0.4%～0.6%，全钾 0.6%～1.3%。沼渣中不仅含有丰富的 N、P、K，同时含有 Ca、Cu、Fe、Zn、Mn、Mg、Al 等元素。

附　录　B

有机肥料污染物质允许含量

单位：mg/kg

序号	项目	浓度限值
1	总镉（以 Cd 计）	≤3
2	总汞（以 Hg 计）	≤5
3	总铅（以 Pb 计）	≤100
4	总铬（以 Cr 计）	≤300
5	总砷（以 As 计）	≤70

附　录　C

沼气发酵卫生标准

序号	项目	卫生标准及要求
1	密封贮存期	30 d 以上
2	高温沼气发酵温度	53±2 ℃持续 2 d
3	寄生虫卵沉降率	95％以上
4	血吸虫卵和钩虫卵	在使用粪液中不得检出活的血吸虫卵和钩虫卵
5	粪大肠菌值	常温沼气发酵 10^{-4}，高温沼气发酵 $10^{-1}\sim 10^{-2}$
6	蚊子、苍蝇	有效地控制蚊蝇孳生，粪液中无子孓，池的周围无活的蛆、蛹或新羽化的成蝇
7	沼气池粪渣	经无害化处理后方可用作农肥

附 录 D

果园养分需求及肥料施用量（沼肥和化肥）

	氮肥（N）	磷肥（P_2O_5）	钾肥（K_2O）
每 667 m^2 果园年平均养分需求（kg）	7.53	5.19	10.67
肥料计划	—	100% 沼肥	—
沼肥组分（kg/m^3）	1.10（$NH_4^+ - N$）	0.899	0.990
每 667 m^2 果园 100% 磷由沼肥提供（m^3）	6.35（$NH_4^+ - N$）	5.77	5.71
每 667 m^2 果园年另需化肥（kg）	1.18	0	4.96

附　录　E

不同原材料干馏木醋液的种类和组分特征

木醋液种类	组分含量（%）							
	乙酸	甲酸	丙酸	甲醛	丙酮	甲醇	糠醛	苯酚
木屑醋液	11.49	1.11	0.63	0.45	0.95	5.54	0.43	0.96
玉米核醋液	10.53	1.01	1.10	0.10	—	2.53	—	0.78
槐树枝醋液	9.77	0.30	0.69	0.50	0.80	5.28	0.22	0.53
蒿草醋液	8.42	0.56	0.64	0.21	—	5.54	0.30	0.54
杂草醋液	7.61	0.50	0.89	—	—	4.20	—	—
松塔醋液	6.87	1.06	0.81	0.29	—	3.84	0.22	—

注："—"表示未检出。

附　录　F

木焦油物理化性质分析

原料		水分 （%）	热值 （MJ·kg⁻¹）	黏度 （40 ℃ mm² / s）	闪点 （℃）	密度 （g·mL⁻¹）
花生壳	木焦油	12.30	26.05	3 542	98	1.19
	精制木焦油	5.46	32.85	3.69	78	0.92
稻壳	木焦油	14.08	26.74	3 624	106	1.08
	精制木焦油	5.89	32.06	5.85	86	0.86

几种常见农林废弃物木焦油主要化学成分分析（%）

原料	酚类	酮类	酸类	酯类	醇类	醛类	呋喃	苯类	菲类	萘类	蒽类	茚
稻壳	63.78	13.76		3.80	3.10	3.08	1.67					0.62
花生壳	61.20	8.39	11.63		1.25	2.86						
核桃壳	82.04	3.21		4.64			3.92					
玉米秸秆	45.51	0.81	0.17	0.86		1.04	4.41	13.46	0.47	4.57	0.17	2.17
红松根	29.61	2.87			0.85			0.82	26.53	10.67	2.18	

附　录　G

农药乳油中有害溶剂允许含量

项目	限量值
苯质量分数（％）	≤1.0
甲苯质量分数（％）	≤1.0
二甲苯质量分数（％）	≤10.0
乙苯质量分数（％）	≤2.0
甲醇质量分数（％）	≤5.0
N，N-二甲基酰胺质量分数（％）	≤2.0

附　录　H

苹果树腐烂病概述

1　苹果树腐烂病的病原菌

苹果树腐烂病病原菌是苹果黑腐皮壳菌（*Valsa mali* Miyabe et Yamada），属子囊菌亚门真菌，无性世代苹果干腐烂壳囊孢菌（*Cytospora mandshurica* Miura）属于半知菌亚门真菌，秋季形成子囊壳，子囊孢子无色，单胞。

2　田间症状

苹果树腐烂病主要危害果树主干、主枝、果台枝等各级枝条的皮层，枝干发病常见溃疡型与枝枯型两类症状。在粗大的枝干上发病常形成"溃疡斑"，如图1所示。早春发病期，发病部位略微肿胀，

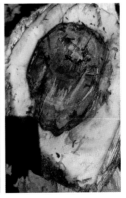

图1　苹果树腐烂病田间症状

呈红褐色、水渍状、椭圆形，质地松软，易腐烂，有酒糟味，用手指压时可流出黄褐色或红褐色汁液。后期病斑组织失水干缩并下陷，与病健组织间常形成裂缝，病部变褐，在病皮上密生黑色小突起，即病菌的子座。雨后或天气潮湿时在小突起的顶部涌出黄褐色透明状的丝状物，是由很多分生孢子胶连在一块的"孢子角"。孢子角遇雨水可消失。

枝枯型症状多发生在冻伤或长势较弱的小枝和果台枝上。发病初期，病斑呈红褐色，边界不清晰，不肿胀，也不呈水渍状，发病快，扩展迅速，很快蔓延整个树枝。发病后期，病枝树皮呈暗褐色，并逐渐失水干枯，病皮易剥落。

3 发病规律及防治关键时期

苹果树腐烂病病菌具有潜伏侵染性的特点，周年均可引发健皮病变。每年早春（3～4月），随着气温回升，休眠的病原菌逐渐复苏，活动频繁，病菌开始侵染并逐渐形成新的病斑，进入周年发病期的第一个爆发期；夏季（6～9月），苹果树生长旺盛时期，树势较强，发病逐渐减弱，但落皮层的形成为病菌提供了适宜的潜伏基地，已侵入的病菌能在死亡的落皮层内扩展，使树皮发生病变，形成表面溃疡；秋末冬初（10月下旬至11月上旬），气温降低，苹果树渐入休眠期，病菌扩大活动范围，菌丝穿过周皮，向内皮层或旁侧健皮组织扩展，进入第二个发病爆发期；冬季（11月下旬至翌年2月），随着气温降低，病菌活动逐渐减弱，潜伏在苹果树皮的落皮层地上。翌年3月，果园重新进入腐烂病爆发期，开始第二个发病周期。

如图2所示，苹果树腐烂病菌具有弱寄生、潜伏侵染特性，必须先在树皮的落皮层等死组织生长，积聚浸染势，待寄主活力减弱时，才能侵害树皮的健组织。苹果树腐烂病每年有2个扩展高峰期，即3～4月和10～11月，春季重于秋季。为防治病斑重犯和治疗新病斑，苹果树腐烂病防治关键时期安排在每年的3～4月、6～7月和10～11月。

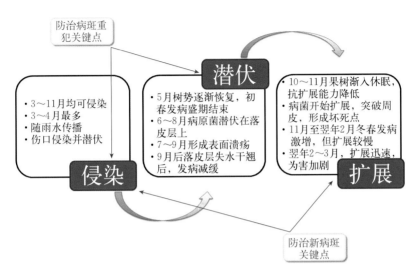

图 2　苹果树腐烂病田间发病规律与防控关键时期

附　录　I

苹果树腐烂病病斑刮除治疗和划痕治疗方法图集

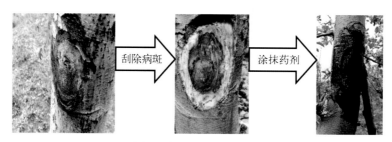

图1　病斑刮除治疗方法

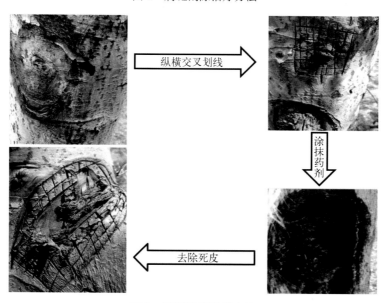

图2　病斑划痕治疗方法

附　录　J

发芽指数测定方法

取 5 g 鲜样加入 50 mL 蒸馏水，振荡后、过滤、取滤液 5 mL 加入铺有 2 张滤纸的培养皿中。每个培养皿中放 10 粒黄瓜种子。25 ℃下培养。24 小时后测发芽率，第 48 小时后测发芽率和根长。每个处理重复 3 次，对照为蒸馏水。公式为：

$$发芽\ G\ (\%) = 液种子/水种子 \times 100\%$$

图书在版编目（CIP）数据

现代生态农业基地清洁生产技术指南 / 石祖梁，李想，王飞主编 . —北京：中国农业出版社，2018.6
ISBN 978 - 7 - 109 - 24064 - 3

Ⅰ . ①现… Ⅱ . ①石… ②李… ③王… Ⅲ . ①生态农业-农业技术-无污染技术-指南 Ⅳ . ①S - 0

中国版本图书馆 CIP 数据核字（2018）第 087719 号

中国农业出版社出版
（北京市朝阳区麦子店街 18 号楼）
（邮政编码 100125）
责任编辑　郭晨茜

中国农业出版社印刷厂印刷　新华书店北京发行所发行
2018 年 6 月第 1 版　2018 年 6 月北京第 1 次印刷

开本：880mm×1230mm　1/32　印张：7　插页：2
字数：200 千字
定价：28.00 元
（凡本版图书出现印刷、装订错误，请向出版社发行部调换）